零基礎也能快速上手！

超直覺HTML＆
CSS網頁設計

小林Masayuki／著
許郁文／譯

本書提供之範例檔案

可由下方網址下載本書所使用的範例檔案。

https://bit.ly/3To3xGZ

- 下載範例檔案時，需要連接網際網路。
- 使用者需自行承擔使用範例檔案的風險。
- 由於使用範例檔案而產生的損壞、損失或其他情況，出版社與著作權者皆不負任何責任。
- 範例檔案中包含的所有資料、程式及文件皆為受著作權保障的著作物。請注意不可使用於購買者個人學習以外的用途上。包含但不限於商業及個人用途，皆禁止複製或發布資料。
- 請留意本書刊載的範例僅供學習用途而製作，並非用於實際網站上。

前言

　　這本網頁設計創意集是根據我在Twitter介紹的網頁製作小祕訣撰寫，書中也會具體解說這些小祕訣。

- ・曾經學過HTML與CSS的基礎，想要進一步學習的人
- ・一路以來都是自學，想參考別人的程式碼的人
- ・想讓自己的程式碼變得更簡潔的人
- ・想知道常見的某個網頁設計該如何撰寫的人

　　上述這些族群都是本書的目標對象。本書的主題是「讓大家光是看到網頁設計，就知道該使用哪些HTML標籤與CSS語法」，也會進一步透過圖片說明那些沒辦法在Twitter說清楚的網頁設計靈感。

　　本書整理了許多能於網頁設計第一線應用的內容，主要包含網頁設計常見的「背景、圖片、照片裝飾」、「標題與文字的裝飾」、「版面編排」與「按鈕設計」這四大設計類別，也包含「聯絡我們表單」的使用者介面該如何撰寫，以及藏在Google搜尋結果頁面背後的結構化資料語法，另外還會介紹一些方便網頁設計、網頁程式撰寫的網路服務。

　　如果本書能成為初出茅盧的網頁設計師的武功祕笈，或是作為你的設計公司的新人教育教材使用，那真是作者無上的榮幸。

2022年1月

小林Masayuki

在閱讀本書之前

關於重設CSS

Google Chrome、Firefox、Safari這些網頁瀏覽器都各有自己的預設值,所以網頁在畫面上的呈現方式可能略有不同。因此要請大家利用重設CSS,統一預設的樣式,後續才比較容易撰寫相關的程式。

重設CSS包含兩種模式,一是重設所有樣式的模式,二是保留部分樣式,消弭各網頁瀏覽器差異的模式,而本書要透過重設所有樣式的「sanitize.css」進行說明。

應用重設CSS的方法

在此介紹應用sanitize.css的方法。

請先瀏覽下列的網站,再按下「Download」下載重設CSS檔案。

瀏覽網站
https://csstools.github.io/sanitize.css/

請將重設CSS「sanitize.css」檔案上傳至任何一個位置,再於想要套用sanitize.css的HTML檔案的<head>~</head>之內,依照下列的「HTML範例」撰寫相關的語法,即可套用重設CSS。

HTML範例
```
<link rel="stylesheet" href="sanitize.css">
```

支援的網頁瀏覽器

本書的內容支援Google Chrome、Mozilla Firefox、Apple Safari、Microsoft Edge最新版的網頁瀏覽器（以2022年1月為標準）。

Internet Explorer已於2022年6月16日（日本時間）被排除在Microsoft公司的官方網站之外，所以本書也不予支援。

此外，本書的部分程式碼只支援最新版的網頁瀏覽器，所以那些只支援前一版（或是舊版）網頁瀏覽器的程式碼會另外介紹補充說明的程式碼。

關於可存取性

可存取性的意思是「方便使用者操作的環境」，而這也是網頁製作不可或缺的概念。不過，本書以製作網頁設計為主，所以不會提及可存取性的內容。

目次

Chapter 3　按鈕設計

Chapter 4　版面編排

Chapter 5　聯絡我們表單

Chapter 6　可於第一線使用的網頁工具以及素材網站

Chapter 7　Google搜尋結果頁面的對策

從圖示尋找設計

作者簡介

小林Masayuki（網頁設計師）

目前是自由工作者的網頁設計師，提供網頁設計、程式設計的一條龍服務。擅長簡單易懂的設計，主要負責建置中小型企業的官方網站。一直以來都透過Twitter（@pulpxstyle）分享自己的經驗以及可在網頁設計第一線應用的小祕訣與靈感。

背景、圖片、照片裝飾

原封不動地將照片或圖片放上網頁，總讓人覺得少了一味。在此為大家介紹一些看似簡單，卻能為網頁設計畫龍點睛的圖片裝飾小祕訣。

1 在照片下方鋪一層錯位的背景色

重點

- ☑ 不使用偽元素，只以一行box-shadow就能實現這項設計
- ☑ 透過簡單的設計突顯主題色

程式碼

HTML

```html
<img src="picture.jpg" alt="咖啡廳的照片">
```

CSS

```css
img {
  box-shadow: 15px 15px 0 #ea987e;
}
```

解說

這次的設計是在照片下層鋪一塊錯位的背景色。這種設計除了能吸引使用者的視線，也能讓使用者自然而然地注意到主題色。

雖然也可以利用偽元素建立套用了背景色的矩形來完成這個設計，但其實只需要box-shadow這一行程式就能做出相同的效果。

box-shadow是常用來替元素追加陰影效果的語法，但如果將模糊量設定為0，看起來就不像是陰影，而是帶有顏色的實心矩形。範例讓背景色往X軸與Y軸各錯開15px。

此外，也可以讓背景色矩形往左上角位移。下列是相關的程式碼。

```css
CSS
img {
    box-shadow: -15px -15px 0 #ea987e;
}
```

從這段程式可以發現，將X軸與Y軸指定為負值（−），背景色矩形就會往照片的左上角位移。

注意事項

由於背景色矩形與元素的大小一致，所以可使用box-shadow這個語法撰寫。假設想自由調整背景色矩形的大小，就必須利用偽元素代替box-shadow。建議大家視情況使用不同的語法撰寫。

如果照片與背景色矩形的大小相同，可利用box-shadow語法撰寫

如果照片與背景色矩形的大小不同，就利用偽元素撰寫

2 利用錯位的斜線背景裝飾照片

重點

- ☑ 能套用似有若無的裝飾
- ☑ 利用斜線的粗細營造不同的印象

程式碼

`HTML`

```html
<div class="pic">
    <img src="picture.jpg" alt="咖啡廳店內的照片">
</div>
```

```
--------------------------------------------------------------------------
```

`CSS`

```css
.pic {
    position: relative; /*偽元素的基準*/
}

.pic img {
```

```
    position: relative; /*啟用z-index所需的程式碼*/
    z-index: 2; /*讓圖片在斜線的上層顯示*/
}

.pic::before {
    content: '';
    position: absolute;
    bottom: -15px; /*讓背景斜線往基準點下方移動15px*/
    right: -15px; /*讓背景斜線往基準點右方移動15px*/
    width: 100%; /*指定為容納圖片的父元素的100%寬度*/
    height: 100%; /*指定為容納圖片的父元素的100%高度*/
    background-image: repeating-linear-gradient(
        -45deg, /*旋轉45度*/
        #d34e23 0px, #d34e23 2px, /*有顏色的線條*/
        rgba(0 0 0 / 0) 0%, rgba(0 0 0 / 0) 50% /*邊界（透明部分）*/
    );
    background-size: 8px 8px;
    z-index: 1; /*讓斜線在照片的下層顯示*/
}
```

解説

這是利用斜線替照片營造活潑印象的設計手法。這個設計就是使用偽元素撰寫。

以容納圖片（img標籤）的父元素為基準點，在偽元素（::before）套用斜線樣式。

第一步要設定偽元素的位置。指定position: absolute，再利用bottom: -15px與right: -15px的語法讓斜線往圖片的右下角位移15px。利用width: 100%與height: 100%將偽元素指定為父元素100%的大小（與父元素相同大小）。

→ 接續下一頁

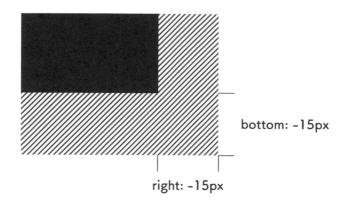

bottom: –15px

right: –15px

指定bottom: -15px與right: -15px
讓斜線從父元素位移

斜線是利用重複線性漸層repeating-linear-gradient指定重複背景的方式設定。

```
repeating-linear-gradient(
    #d34e23 0px, #d34e23 2px,
    rgba(0 0 0 / 0) 0%, rgba(0 0 0 / 0) 50%
)
```

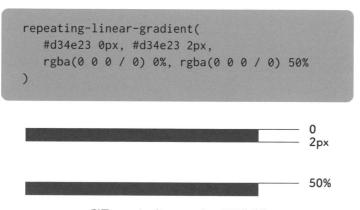

利用repeating-linear-gradient呈現的線條

如圖所示，上述的語法利用#d34e23 0px, #d34e23 2px的語法，呈現從0px的位置到2px的位置的斜線，也替斜線設定了顏色。接著利用rgba(0 0 0 / 0) 0%, rgba(0 0 0 / 0) 50%的語法設定了透明的邊界，就能與斜線組合成條紋。

最後利用-45deg讓上述的條紋旋轉45度，轉換成斜線條紋。

Web Design Idea Recipe

此外，調整這些帶有色彩的斜線的粗細，還能營造不同的印象。

```
repeating-linear-gradient(
  -45deg,
  #d34e23 0px, #d34e23 4px,
  rgba(0 0 0 / 0) 0%, rgba(0 0 0 / 0) 50%
)
```

讓斜線變粗的範例

```
repeating-linear-gradient(
  -45deg,
  #d34e23 0px, #d34e23 1px,
  rgba(0 0 0 / 0) 0%, rgba(0 0 0 / 0) 50%
)
```

讓斜線變細的範例

這次為了讓斜線的偽元素墊在圖片底下，而對圖片與偽元素指定了z-index，但其實只對偽元素指定z-index: -1，也一樣能讓斜線位於圖片下層。

不過，這次還使用了圖片與以及容納圖片的父元素，所以若對該父元素設定背景，就會導致斜線的偽元素被遮住而無法正常顯示。

當父元素指定了背景色，斜線背景就會被壓在下層而看不見

記住這次對圖片以及斜線的偽元素設定z-index的方法，就能降低遇到問題的風險。

3 用錯位的點狀背景裝飾照片

重點

☑ 利用簡單的設計營造活潑流行的印象

☑ 利用點狀設計營造不同的印象

程式碼

```html
HTML
<div class="pic">
    <img src="picture.jpg" alt="坐在店裡的女性背後照">
</div>
```

```css
CSS
.pic {
    position: relative; /*偽元素的基準*/
}

.pic img {
```

➔ 接續下一頁

← 銜接上一頁

```css
    position: relative;  /*啟用z-index所需的程式碼*/
    z-index: 2;  /*讓圖片在圓點圖樣的上層顯示*/
}

.pic::before {
    content: '';
    position: absolute;
    bottom: -30px;
    right: -30px;
    width: 100%;  /*指定為容納圖片的父元素的100%寬度*/
    height: 100%;  /*指定為容納圖片的父元素的100%高度*/
    background-image: radial-gradient(
        #ea987e 20%,  /*指定圓點的顏色與大小*/
        rgba(0 0 0 / 0) 21%
    );
    background-size: 10px 10px;  /*在不重複背景的狀態下，指定background的大
小*/
    background-position: right bottom;  /*指定圓點圖樣的開始位置*/
    z-index: 1;  /*讓圓點圖樣在照片下層顯示*/
}
```

解說

這是營造可愛、活潑這類印象的圓點設計。這種裝飾照片的手法可讓照片的質感顯得更加柔和。

這次要以容納圖片（img標籤）的父元素為基準，在偽元素（::before）套用了圓點樣式。

第一步先設定偽元素的位置。先指定position: absolute，再利用bottom: -30px與right: -30px讓圓點圖樣往圖片的右下角位移30px。接著利用width: 100%與height: 100%的語法將偽元素設定為父元素100%大小（與父元素同樣大小）。

background-size則指定為在不重複背景的狀態下的background的大小。調整這部分的大小就能調整圓點與邊界的大小。

圓點是利用徑向漸層radial-gradient設定。這個圓點是以#ea987e 20%的語法設定成background-size: 10px 10px的20%大小，也就是2px大小的圓點。接著利用rgba(0 0 0 / 0) 21%的語法設定21%以外的部分為透明色，所以就設定出下圖的圓點。

```
background-image: radial-gradient(
    #ea987e 20%, /*指定圓點的顏色與大小*/
    rgba(0 0 0 / 0) 21%
);
background-size: 10px 10px;
```

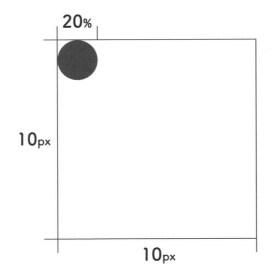

指定background-size與逕向漸層

background-repeat的預設值為repeat，所以若不另行指定，圓點就會重複顯示。

→ 接續下一頁

由於background-repeat的預設值為repeat，
所以若不另行指定，圓點就會重複顯示

接著利用background-position: right bottom指定圓點圖樣的開始位置。

圓點圖樣的右下角會被裁切

如果沒有指定background-position，圓點圖樣就會以左上角為起點，
因此若圓點大小沒有設定正確，右下角的圓點圖樣就會被裁切而不太美觀

若將圓點圖樣的開始位置設定
在右下角，就不會有裁切的問題

利用background-position: right bottom將開始位置指定為右下角，
這樣一來圓點圖樣的右下角就不會被裁切到了

注意事項

前面提到，圓點圖樣會因圓點的大小或是圖片的大小而發生邊緣被裁切的問題。大家最好仔細
觀察有沒有發生這類問題。

如果覺得被裁切也沒關係，可仿照範例的方式，以background-position: right bottom讓重
點元素的右下角能夠正常顯示，根據設計的需求指定開始位置。

4 讓拍攝主體的陰影位移的裝飾法

重點

- ☑ 忽略透明背景，在拍攝主題套用陰影
- ☑ 利用CSS隨時調整顏色

程式碼

```
HTML
<img src="picture.jpg" alt="女性的照片">
```

```
CSS
img {
    filter: drop-shadow(15px 15px 0 #ea987e);
}
```

解說

這是將拍攝主體裁切成透明背景圖片，再加上陰影的設計。一般來說，會利用Photoshop這類影像編輯軟體套用陰影，但其實可直接利用CSS套用陰影效果。

先準備一張去除背景的圖片，再利用投影效果filter: drop-shadow呈現陰影。

```
filter: drop-shadow(offset-x offset-y blur-radius color);
```

offset-x為X軸的值，offset-y為Y軸的值，這次的範例分別讓這兩個軸位移15px。blur-radius為模糊效果的半徑，這次不需要套用模糊效果，所以設定為0。

注意事項

陰影是依照拍攝主體的形狀產生，所以若是範例這種拍攝主體無法完整放在框內的情況，就必須特別注意陰影的位置。

一旦只裁切了拍攝主體的上半身，就有可能在讓陰影往上方位移的時候出現破圖的問題。此時必須依照拍攝主體的情況調整陰影的移動位置。

5 在照片套用斜線框

重點

- ☑ 利用簡單的設計營造活潑的印象
- ☑ 利用斜線的粗細改變質感
- ☑ 可套用於不同大小的照片

程式碼

HTML
```html
<div class="pic">
    <img src="picture.jpg" alt="喝咖啡的女性的照片">
</div>
```

CSS
```css
.pic {
    position: relative; /*偽元素的基準*/
}
```

```
.pic::after {
    content: '';
    position: absolute;
    top: 50%;
    left: 50%;
    transform: translate(-50%, -50%);
    width: calc(100% - 20px); /*減去左右的斜線框一半的值×2的算式*/
    height: calc(100% - 20px); /*減去上下的斜線框一半的值×2的算式*/
    border-image-source: repeating-linear-gradient(
        45deg, /*旋轉45度*/
        #ea987e 0px, #ea987e 2px, /*套用顏色的線條*/
        rgba(0 0 0 / 0) 2px, rgba(0 0 0 / 0) 7px /*邊界（留白）的部分*/
    );
    border-image-slice: 20; /*指定border 4邊的使用範圍*/
    border-width: 20px; /*框線的寬度*/
    border-image-repeat: round; /*如磁磚狀重複顯示*/
    border-style: solid; /*以實心線呈現*/
}
```

解說

這次是能營造活潑印象的照片裝飾技巧。主要是使用偽元素撰寫。

這次使用border-image屬性，以border-image-source以及repeating-linear-gradient呈現斜線。

45deg是斜線角度的設定，#ea987e 0, #ea987e 2px是斜線的顏色與寬度（2px）的設定，rgba(0 0 0 / 0)2px, rgba(0 0 0 / 0) 7px則是透明邊界的設定，藉此呈現斜線條紋。

範例先利用border-width: 20px設定了border的粗細，再利用border-image-slice: 20指定border的4邊的使用範圍，最後再利用border-image-repeat: round指定斜線呈磁磚狀重複顯示。

→ 接續下一頁

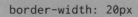銜接上一頁

利用border-width指定斜線框的寬度

如此一來就能呈現斜線框。

接著要指定斜線框的位置以及大小。

指定top: 50%、left: 50%與transform: translate(-50%, -50%)讓斜線框位於上下左右的正中央。

width: calc(100% - 20px)與height: calc(100% - 20px)則讓4個邊分別往內側移動10px。

減去兩條斜線框border-width值的一半大小的算式

Web Design Idea Recipe

順帶一提，若不使用算式裡的calc，直接將width與height設定為100%，斜線框就會如下圖所示，配置在照片的外側，所以這次為了讓斜線框內縮10px，所以才使用calc計算與設定斜線框的位置。

```
width: 100%;
height: 100%;
```

長寬都指定為100%的狀態

此外，調整斜線的顏色就能改變整個設計的印象。若能根據網站的主題色設定斜線的顏色則更有效果。

將斜線的顏色指定為#256388

將斜線的顏色指定為#d1a833

6 在角落裝飾三角形

重點

- ☑ 利用局部裝飾引人注目的設計
- ☑ 利用色調營造不同的印象

程式碼

HTML

```html
<div class="pic">
    <img src="picture.jpg" alt="咖啡廳內部的咖啡照片">
</div>
```

CSS

```css
.pic {
    position: relative; /*偽元素的基準*/
}

.pic::before,
```

```
.pic::after {
    content: '';
    position: absolute;
    width: 0px;  /*不對偽元素指定方框的大小*/
    height: 0px;  /*不對偽元素指定方框的大小*/
}

.pic::before {
    top: -10px;  /*讓偽元素移動至距離基準點上方-10px的位置*/
    right: -10px;  /*讓偽元素移動至距離基準點右側-10px的位置*/
    border-top: 30px solid #ea987e;
    border-right: 30px solid #ea987e;
    border-bottom: 30px solid rgba(0 0 0 / 0);
    border-left: 30px solid rgba(0 0 0 / 0);
}

.pic::after {
    bottom: -10px;  /*讓偽元素移動至距離基準點下方-10px的位置*/
    left: -10px;  /*讓偽元素移動至距離基準點左側-10px的位置*/
    border-top: 30px solid rgba(0 0 0 / 0);
    border-right: 30px solid rgba(0 0 0 / 0);
    border-bottom: 30px solid #ea987e;
    border-left: 30px solid #ea987e;
}
```

解說

這是利用三角形替照片增添些許裝飾的設計手法。利用主題色或是同系色配色，可讓顏色成為設計的重點。

對偽元素指定width: 0px與height: 0px，以及將border的部分指定為30px，就能顯示下圖的結果（為了方便辨識，特別讓圖中的每個位置變色）。

→ 接續下一頁

← 銜接上一頁

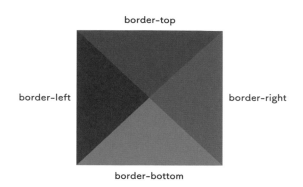

可根據最終的三角形指定顏色。

偽元素::before是右上角的三角形,所以在border-top與border-right指定顏色,再將border-bottom與border-left指定為透明,就能做出右上角的三角形。

```
.pic::before {
    border-top: 30px solid #ea987e;
    border-right: 30px solid #ea987e;
    border-bottom: 30px solid rgba(0 0 0 / 0);
    border-left: 30px solid rgba(0 0 0 / 0);
}
```

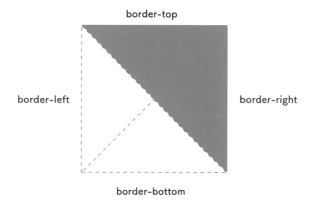

右上角的三角形是以偽元素::before的border呈現

Web Design Idea Recipe

此外，偽元素::after為左下角的三角形，所以在border-bottom與border-left指定顏色，再將border-top與border-right指定為透明色，就能畫出左下角的三角形。

```
.pic::after {
    border-top: 30px solid rgba(0 0 0 / 0);
    border-right: 30px solid rgba(0 0 0 / 0);
    border-bottom: 30px solid #ea987e;
    border-left: 30px solid #ea987e;
}
```

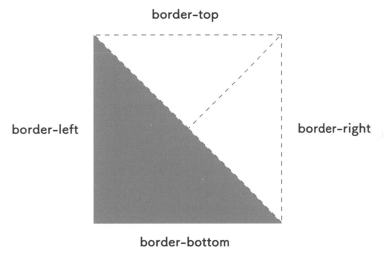

左下角的三角形是以偽元素:after的border呈現

最後是偽元素的位置。對偽元素指定position: absolute，再對右上角的三角形指定top: -10px與right: -10px，以及對右下角的三角形指定bottom: -10px與left: -10px，就能讓這兩個三角形稍微往圖片的外側移動。

7 裁切邊角

重點

- ☑ 很適合想在利用簡單的設計整合畫面的情況使用
- ☑ 不需要改變圖片本身的印象也能增添裝飾

程式碼

HTML

```html
<div class="pic">
    <img src="picture.jpg" alt="一群人談笑風生的照片">
</div>
```

CSS

```css
.pic {
    position: relative; /*偽元素的基準*/
}

.pic::before,
```

```
.pic::after {
    content: '';
    position: absolute;
    transform: rotate(-35deg); /*旋轉35度*/
    width: 70px;
    height: 25px;
    background-color: #fff; /*指定與背景色相同的顏色*/
}

.pic::before {
    top: -10px;
    left: -25px;
    border-bottom: 1px solid #aaa; /*依照背景色的設定利用灰色線條畫出裁切線*/
}

.pic::after {
    bottom: -10px;
    right: -25px;
    border-top: 1px solid #aaa; /*依照背景色的設定利用灰色線條畫出裁切線*/
}
```

解說

這種將照片插入切口的設計，在看起來很時尚的相簿經常會出現。這種設計很適合在不想過度裝飾的情況使用。

這次是利用偽元素呈現切口。主要是利用偽元素::before與::after分別建立70px與25px的方框各一，再依照照片調整方框大小。

background-color設定了與背景色同色（以範例而言，是白色#fff），再利用transform: rotate(-35deg)讓方框旋轉35度。

指定position: absolute，再對左上角的切口指定top: -10px與left: -25px，以及對右下角的切口指定bottom: -10px與right: -25px，設定這兩個切口的位置。位置的設定值會根據照片大小以及偽元素的大小（width與height）調整。

→ 接續下一頁

← 銜接上一頁

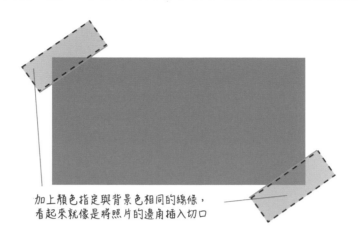

加上顏色指定與背景色相同的線條，
看起來就像是將照片的邊角插入切口

如上方圖所示，讓方框遮住照片的邊角之後，看起來就像是將照片的邊角插入切口一樣。

如果背景色是單色，可依照本範例的方式做出相同的效果；但如果背景色為漸層色、圖片或是設定了其他的材質，本範例就不適用。此時可改成刪除border，以及替background-color設定顏色，做出照片被膠帶固定的感覺。

對偽元素設定background-color: #ea987e，就能做出用膠帶固定照片的感覺

Web Design Idea Recipe

8 讓標誌的白背景變成透明色

重點

- [✓] 可讓標誌圖片的白色背景變成透明色
- [✓] 省去使用Photoshop去背的麻煩

程式碼

`HTML`
```html
<div class="logo">
    <img src="logo.jpg" alt="Coffee Shop的標誌圖片">
</div>
```

`CSS`
```css
img {
    mix-blend-mode: multiply;  /*讓標誌圖片的白色背景變成透明色*/
}

.logo {
```

→ 接續下一頁

← 銜接上一頁

```
    display: flex;
    justify-content: center; /*標誌圖片的水平居中對齊設定*/
    align-items: center; /*標誌圖片的垂直居中對齊設定*/
    background-image: url(background-picture.jpg); /*指定背景照片*/
    background-size: cover;
    background-repeat: no-repeat;
    background-position: center;
}
```

解說

以前很常看到有白色背景的標誌圖片。雖然最近變得很少見，但偶爾還是會看到。大部分的人都會在確認標誌的設計指南之後，利用Photoshop去背，但其實CSS也能替圖片去背。

對需要去背的元素指定mix-blend-mode。這個屬性與Photoshop這套影像編輯軟體的「混合模式」有相同的效果，可在背景配置圖片或文字的時候，指定這些元素的顯示方式。

如果要讓白色背景變得透明，可使用mix-blend-mode: multiply。multiply是Photoshop的「色彩增值」混合模式。這個模式可讓其他的顏色與白色混合時，保留原本的顏色，以及讓白色的部分消失，所以才能利用這個屬性讓標誌的白色背景變成透明色。

注意事項

這個技巧只能在標誌本身為黑色，背景色為白色的時候使用。

標誌為灰色（#aaa）的時候，
標誌本身也會變得透明

標誌為灰色（#eee）的時候，背景變成半透明色

背景色是其他顏色時，背景會變成半透明色塊

9 照片濾鏡

9-1　照片濾鏡 斜線

重點

☑ 可當成主要視覺設計的文案背景使用

☑ 可透過顏色賦予照片各種氛圍與印象

程式碼

```
HTML
<div class="pic">
    <img src="picture.jpg" alt="半自動義式咖啡機的照片">
</div>
```

```
CSS
.pic {
    position: relative;  /*斜線濾鏡的定位基準*/
}
```

Web Design Idea Recipe

```css
.pic img {
    display: block; /*消除圖片周圍多餘的空隙*/
}

.pic::before {
    content: '';
    position: absolute;
    top: 0;
    left: 0;
    width: 100%;
    height: 100%;
    background-image:
        repeating-linear-gradient(
            -45deg, /*旋轉45度*/
            rgba(201 72 31 / .6) 0px, rgba(201 72 31 / .6) 1px, /*半透明的線條*/
            rgba(0 0 0 / 0) 0%, rgba(0 0 0 / 0) 50%  /*空白（透明）的部分*/
        );
    background-size: 6px 6px;
}
```

解說

這是在照片套用斜線濾鏡的設計手法。

主要視覺設計或是頁尾的背景大多會是照片，而疊在上面的文字有時也會難以辨識。在這個情況下通常會在文字後面墊一層半透明的背景色，解決這個問題，此時若希望背景照片令人印象深刻，最推薦的就是斜線濾鏡。將斜線濾鏡指定為佈景主題的顏色之後，就能維持整張頁面的色調。

利用position: relative的設定替容納照片的父元素設定斜線濾鏡的定位基準。斜線的樣式則以background-image: repeating-linear-gradient的語法設定。

這次的範例在0px至1px的位置指定了rgba(201 72 31 / .6)，同時以rgba(0 0 0 / 0) 0%, rgba(0 0 0 / 0) 50%的設定指定透明度，藉此在線條之間植入空白。最後再以-45deg的設定讓線條傾斜，斜線濾鏡的設定就完成了。

→ 接續下一頁

9-2　照片濾鏡 圓點

重點

- ☑ 可賦予照片活潑的印象
- ☑ 適合套用在畫質較為粗糙的照片或影片

程式碼

```
HTML
<div class="pic">
    <img src="picture.jpg" alt="咖啡廳內部的照片">
</div>
```

```
CSS
.pic {
    position: relative; /*圓點濾鏡的定位基準*/
}

.pic img {
    display: block; /*消除圖片周圍多餘的空隙*/
}

.pic::before {
    content: '';
```

```
    position: absolute;
    top: 0;
    left: 0;
    width: 100%;
    height: 100%;
    background-image:
        radial-gradient(rgba(201 72 31 / .6) 30%, rgba(0 0 0 / 0) 31%),
/*圓點的顏色與大小的設定*/
        radial-gradient(rgba(201 72 31 / .6) 30%, rgba(0 0 0 / 0) 31%);
/*圓點的顏色與大小的設定*/
    background-size: 6px 6px; /*指定背景不重複出現時的background的大小*/
    background-position: 0 0, 3px 3px; /*指定圓點的位置*/
}
```

解說

圓點濾鏡與斜線濾鏡都是能在主要視覺設計與頁尾的背景照片套用的設計。斜線濾鏡帶有俐落的感覺，圓點濾鏡則給人簡單、可愛的印象。

以容納圖片（img標籤）的父元素為基準位置，在偽元素（::before）套用圓點的樣式。

第一步先設定偽元素的位置。這次的範例設定為position: absolute，再以top: 0px與left: 0px與基準位置對齊。同時利用width: 100%與height: 100%指定為父元素的100%大小（與父元素相同大小）。

background-size可在背景不重複的情況下，指定background的大小。藉由調整此數值就能變更圓點大小或空隙寬窄。

圓點（dot）是利用徑向漸層radial-gradient繪製。

rgba(201 72 31 / .6) 30%的設定代表以剛剛設定的background-size: 6px 6px為基準，繪製30%＝1.8px大小的圓形。之後再以rgba(0 0 0 / 0) 31%指定透明度，就能繪製出下圖的狀態。

→ 接續下一頁

← 銜接上一頁

```
background-image: radial-gradient(rgba(201 72
31 / .6) 30%, rgba(0 0 0 / 0) 31%);
background-size: 6px 6px;
```

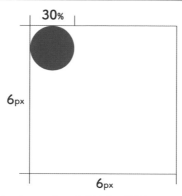

background-size與徑向漸層的狀態

接著要繼續介紹讓背景重複出現的範例。由於background-repeat的預設值為 repeat，所以若不特別設定，圓形就會重複出現。

backgound-repeat的預設值為repeat，所以不特別設定就會重複出現

接下來要增加圓形，提高圓形重複出現的密度。利用逗號（,）作為間隔，追加radial-gradient(rgba(201 72 31 / .6) 30%, rgba(0 0 0 / 0) 31%)，就能在background-size: 6px 6px的範圍之內繪製另一個圓形。

接著以background-position: 0 0, 3px 3px指定這兩個圓形在background-size範圍之內的位置。這次的範例先在距離左上角0px 0px的位置配置一個圓形，再於3px 3px的位置配置另一個圓形。

```
background-position: 0 0, 3px 3px;
```

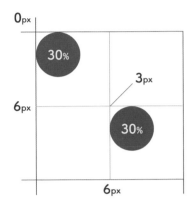

以background-position指定兩個值的範例

此外，由於background-repeat的預設值為repeat，所以不另行設定，背景就會如下圖重複顯示。

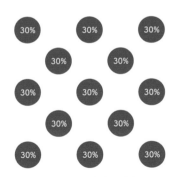

間距一致的高密度圓點背景

如此一來，就能如範例做出高密度的圓點背景。
調整圓點與間距的大小可做出各種型態的圓點背景，各位讀者可依照設計的需求調整相關的數值。

→ 接續下一頁

9-3 照片濾鏡

要將文字疊在照片的時候，可在照片套用濾鏡，提升文字的辨識度。接下來要為大家介紹以filter套用濾鏡的方法。

blur（模糊）

利用blur語法就能夠在照片上套用模糊濾鏡。只要調整相關的數值，就可以調整模糊的程度。

程式碼

`HTML`
```html
<img src="picture.jpg" alt="兩位女性在咖啡廳享受咖啡的照片">
```

`CSS`
```css
img {
    filter: blur(2px);
}
```

grayscale（灰階）

利用grayscale語法就能夠將照片轉換成黑白照片，調整數值可調整套用灰階濾鏡的強度。

程式碼

HTML
```
<img src="picture.jpg" alt="兩位女性在咖啡廳享受咖啡的照片">
```

CSS
```
img {
    filter: grayscale(100%);
}
```

sepia（懷舊）

利用sepia語法就能夠將照片轉換成懷舊色調。調整相關數值可調整套用懷舊濾鏡的強度。

程式碼

```
HTML
<img src="picture.jpg" alt="兩位女性在咖啡廳享受咖啡的照片">
```

```
CSS
img {
    filter: sepia(100%);
}
```

指定多個值

filter可同時指定多個值再套用濾鏡。可根據值調整套用filter的強度。

```
CSS
img {
    filter: blur(2px) grayscale(100%);
}
```

注意事項

若是未正確設定filter屬性的屬性值，可能會破壞照片原有的魅力，所以請務必替filter屬性設定適當的屬性值。

模糊（blur）

若套用filter: blur(10px)的模糊濾鏡，會無法分辨照片的內容

灰階

若套用filter: grayscale(50%)的灰階濾鏡，照片就會褪色

懷舊

若套用filter: sepia(50%)的懷舊濾鏡，看起來就像是畫質粗糙的照片

10 改變圖片的形狀

重點

- ☑ 營造柔和的印象
- ☑ 只需要border-radius這行程式就能改變圖片的形狀

程式碼

HTML

```html
<img src="picture.jpg" alt="女性坐在咖啡廳的側面照片">
```

CSS

```css
img {
    border-radius: 30% 70% 70% 30% / 30% 30% 70% 70%;
}
```

解說

這是利用border-radius讓元素變得柔和的設計。改變圖片的形狀可統整網站的整體印象。在此為大家介紹將圖片轉換成個性鮮明的圓形的方法。

首先，先透過最常出現的border-radius範例來詳細說明程式碼。

常見的border-radius範例

border-radius可憑一個設定值賦予圖片圓角效果。由於這個範例是以簡寫的方式設定，所以可拆解成下列的程式碼。

- border-top-left-radius: 40px;
- border-top-right-radius: 40px;
- border-bottom-right-radius: 40px;
- border-bottom-left-radius: 40px;

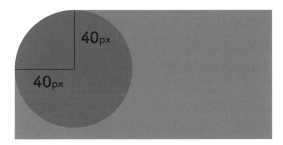

指定border-top-left-radius: 40px

border-top-left-radius: 40px這行程式可畫出圖中半徑40px的圓形，也能指定每個頂點。

→ 接續下一頁

← 銜接上一頁

這個值還可以分解成下列的程式碼。

- `border-top-left-radius: 40px 20px;`
- `border-top-right-radius: 40px 20px;`
- `border-bottom-right-radius: 40px 20px;`
- `border-bottom-left-radius: 40px 20px;`

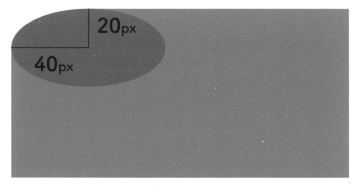

只要指定進一步分解border-top-left-radius的值
就能讓圓角的形狀變得扭曲

上圖為了方便辨識，設定了40px與20px的圓角。先設定圓形的橫軸（X軸），再設定
縱軸（Y軸），就能調整圓角的形狀。

在此介紹以簡寫的方式設定橫軸值與縱軸值的範例。

border-radius: 40px 40px 40px 40px / 20px 20px 20px 20px;

橫軸的值　　　　　　　　縱軸的值

這次的範例就是利用上述的設定讓圖片變成富有個性的圓形。

Web Design Idea Recipe

當值的單位為px的時候，就必須在圖片大小變動時，調整border-radius的值，而當值的單位為％的時候，border-radius的值就能隨著圖片的大小自動調整，所以將單位指定為％，才能在整個網站使用相同的程式碼。

```
border-radius: 30% 70% 70% 30% / 30% 30% 70% 70%;
```

詳細設定border-top-left-radius的X軸與Y軸就會變成奇特的形狀

此外，要調整出想像中的形狀是很困難的，所以建議大家改用產生器。產生器可更直覺地將圖片調整成理想的形狀。

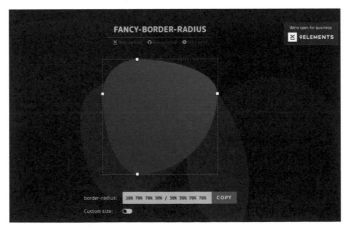

Fancy Border Radius Generator　https://9elements.github.io/fancy-border-radius/

11 利用文字的形狀裁切圖片

重點

☑ 可利用吸睛的文字裁切

☑ 利用象徵網站的單字裁切更有魅力與效果

程式碼

HTML

```
<div class="backgroundclip">Coffee</div>
```

CSS

```
.backgroundclip {
    background-clip: text; /*將background-clip的對象設定為文字*/
    -webkit-background-clip: text; /*將background-clip設定為文字（支援
非Firefox的網頁瀏覽器）*/
    background-image: url(picture.jpg); /*要裁切的背景照片*/
    background-repeat: no-repeat;
    background-size: cover;
```

```
    color: rgba(0 0 0 / 0); /*讓文字顏色變成透明色*/
    font-size: 200px;
    font-weight: 700;
    text-transform: uppercase; /*讓文字變成大寫英文字母*/
}
```

解說

這是利用CSS執行Photoshop剪裁遮色片功能的技巧。這是能讓主視覺設計的英文字母變得更特別的設計手法。

套用background-clip: text，就能利用文字的形狀裁切以background-image指定的圖片。

作為裁切模型的文字

準備裁切模型的文字與
被裁切的圖片

被裁切的圖片

根據文字的形狀裁切圖片

如果只是利用文字的形狀裁切圖片，還是會看不到圖片，所以要利用color: rgba(0 0 0 / 0)將文字顏色設定為透明色，圖片才會變成文字的形狀。

注意事項

直到2022年1月為止，只有Firefox全面支援background-clip: text，所以才必須加上前綴（-webkit-），支援其他的網頁瀏覽器。

由Google開發的開放源靜止圖片格式WebP的檔案大小，在非可逆壓縮模式之下，比JPG小25～34%，在可逆壓縮模式下比PNG小28%左右。從行動優先（Mobile First）的概念來看，這是絕對該採用的圖片格式。

將圖片轉換成WebP格式

要將圖片轉換成WebP格式時，使用網路工具就能簡單轉換。

●網路工具
・Squoosh

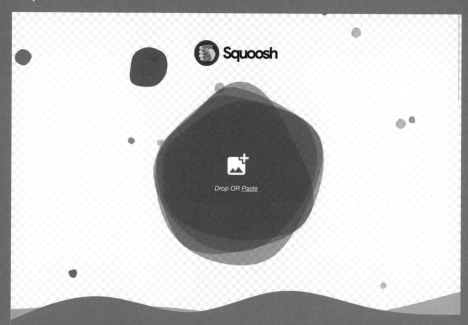

https://squoosh.app/

將圖片拖放至網站，再完成設定，就能將圖片轉換成WebP格式。

・Syncer－WEBP轉換工具

https://lab.syncer.jp/Tool/Webp-Converter/

將圖片拖放至網站就能轉換成WebP格式。

能自動轉換成WebP格式的WordPress外掛程式

如果您是WordPress的使用者，可利用WordPress的外掛程式將圖片轉換成WebP格式。

・WebP Express

https://ja.wordpress.org/plugins/webp-express/

➜ 接續下一頁

← 銜接上一頁

安裝外掛程式之後，點選管理畫面的「設定」→「WebP Express」，進行相關的設定。

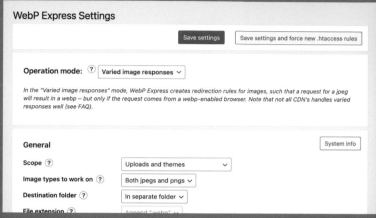

在Operation mode選擇Varied image responses

在Operation mode選擇「Varied image responses」。

勾選Alter HTML？

勾選Alter HTML？之後，即可套用「Replace<img>tags with <picture>tags, adding the webp to srcset.」標籤。如此一來，只要是支援WebP的網頁瀏覽器，就能以WebP格式顯示圖片，如果是不支援WebP的網頁瀏覽器，也能以原本的圖片格式顯示圖片。

轉換成WebP的Photoshop外掛程式

在執筆之際（2022年1月），Photoshop這套影像編輯軟體還無法將圖片轉存為WebP格式，但只要安裝Photoshop的外掛程式，就能將圖片轉存為WebP格式的圖片檔。

安裝「WebPShop」外掛程式之後，可在「另存新檔」的時候選擇WebP格式。

・WebPShop

https://developers.google.com/speed/webp/docs/webpshop

→ 接續下一頁

← 銜接上一頁

在HTML撰寫顯示WebP圖片的程式碼

要顯示轉換成WebP格式的圖片，可在HTML撰寫程式。Safari只在Big Sur之後的版本支援這項功能，而iOS版的Safari也只在版本14之後支援，所以可使用picture標籤撰寫依照不同的情況顯示不同圖片的程式碼。

程式碼

```html
HTML
<picture>
    <source type="image/webp" srcset="image.webp">
    <img src="image.jpg" alt="">
</picture>
```

利用source標籤之內的srcset顯示WebP圖片，未支援這項功能的網頁瀏覽器則以img標籤顯示原本的圖片。

如果使用的是WordPress，就只需要使用剛剛介紹的WordPress外掛程式「WebP Express」，就能自動輸出顯示兩種圖片的HTML標籤。

標題與文字的裝飾

從標示段落的標題或是強調訊息的文字可以
知道，在所有網站內容之中，文字占有非常
重要的地位，而這章便要介紹裝飾文字的方
法。

1 標題

1-1　疊合雙色線的標題－偽元素

關於求職徵才資訊

_____

重點

- ☑ 這是在企業網站或醫療體系網站常見的標題設計
- ☑ 可利用簡單的設計突顯標題
- ☑ 可利用偽元素固定色線的寬度，也能隨時調整寬度

程式碼

HTML
```html
<h2 class="heading">關於求職徵才資訊</h2>
```

CSS
```css
.heading {
    position: relative; /*偽元素的基準*/
    padding-bottom: 24px;
    width: 100%;
    font-size: 26px;
    border-bottom: 5px solid #c7c7c7;
```

```
}
.heading::after {  /*利用偽元素呈現黃色線*/
    content: '';
    position: absolute;
    top: 100%;  /*配置在距離上方100%的位置*/
    left: 0;
    width: 70px;
    height: 5px;
    background-color: #e5c046;
}
```

解說

這是常見的極簡標題設計。利用佈景主題的色彩作為重點色可統一整體的配色，還能提升辨識度。

第一步先以position: relative決定黃色線的基準點，再利用padding-bottom: 24px指定文字與線條的空隙。

指定黃色線的基準點以及文字與線條之間的空隙

這次要繪製兩條線。在.heading的部分以border-bottom: 5px solid #c7c7c7繪製灰色線條，接著再以width: 70px與height: 5px、background-color: #e5c046的偽元素繪製黃色線條。

灰色線直接根據.heading的基準點配置在下方，黃色線的偽元素則先指定為position: absolute，再以top: 100%與left: 0決定位置。

關於求職徵才資訊

重點

- ✓ 這是常用來區隔主要文字內容的標題設計
- ✓ 可利用background代替偽元素縮短程式碼

程式碼

HTML

```html
<h2 class="heading">關於求職徵才資訊</h2>
```

CSS

```css
.heading {
    padding-bottom: 29px;
    width: 100%;
    font-size: 26px;
    text-align: center;
    background-image: linear-gradient(
        90deg, /*旋轉90度*/
        #c7c7c7 0%, #c7c7c7 45%, /*指定線條的灰色部分*/
        #e5c046 45%, #e5c046 55%, /*指定線條的黃色部分*/
        #c7c7c7 55%, #c7c7c7 100% /*指定線條的灰色部分*/
    );
    background-size: 100% 5px; /*指定線條的寬與高*/
```

```
    background-repeat: no-repeat;
    background-position: center bottom; /*指定背景置中對齊下緣*/
}
```

解說

這是力求簡潔的商務網站常見的雙色線標題設計。前一節利用border與偽元素繪製了擁有兩種顏色的線條，而這次則要介紹以background畫線，讓程式碼變得更簡潔的方法。

這次要使用的是線性漸層linear-gradient。由於linear-gradient的漸層方向是由上往下，所以利用90deg讓漸層轉成由左至右的方向。

灰色（#c7c7c7）線的開始位置是0%至45%以及55%至100%。黃色（#e5c046）線的開始位置則設定為45%至55%，讓黃色線位於正中央。

```
background-image: linear-gradient(
    90deg,
    #c7c7c7 0%, #c7c7c7 45%,
    #e5c046 45%, #e5c046 55%,
    #c7c7c7 55%, #c7c7c7 100%
);
```

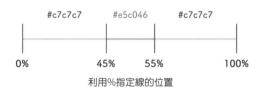

利用%指定線的位置

利用background-size: 100% 5px的語法將background設定成寬100%、高5px，就能畫出5px寬的線條。

background-repeat: no-repeat可避免線條在元素之內重複配置，background-position: center bottom則讓線條與元素中央偏下的位置對齊。

關於求職徵才資訊

重點

- ☑ 利用兩條線完成簡潔的標題設計
- ☑ 利用Flexbox代替position: absolute，讓程式碼變得更簡潔
- ☑ 雖然支援響應式設計，但使用的時候還是要注意文字太長會讓版面變得錯亂這點

程式碼

HTML
```html
<h2 class="heading">關於求職徵才資訊</h2>
```

CSS
```css
.heading {
    display: flex; /*讓文字與兩條線水平排列的設定*/
    justify-content: center; /*讓文字與兩條線水平居中對齊*/
    align-items: center; /*讓文字與兩條線垂直居中對齊*/
    font-size: 32px;
}

.heading::before,
.heading::after {
    content: '';
    width: 70px;
    height: 3px;
```

```
    background-color: #e5c046;
}

.heading::before {
    margin-right: 30px;  /*文字與線條之間的空隙*/
}

.heading::after {
    margin-left: 30px;  /*文字與線條之間的空隙*/
}
```

解說

這是利用左右兩側的線條作為裝飾的標題設計。這種標題很常配置在版面正中央，用於區隔不同的項目。這次要以Flexbox撰寫程式碼，讓程式碼變得更簡潔。

第一步利用偽元素::before與::after繪製左右兩側的線條。這次的範例以background代替了border的語法。

接著利用display: flex的語法讓文字與2個偽元素水平並列，再利用justify-content: center與align-items: center讓元素於版面正中央配置。

——關於求職徵才資訊——

利用Flexbox將元素配置在版面正中央

左側的偽元素（::before）以margin-right: 30px設定了邊界，右側的偽元素（::after）則以margin-left: 30px設定了邊界，藉此讓兩個偽元素與中間的文字保持距離。

關於求職徵才資訊

重點

- ✓ 很適合用來強調重點的標題
- ✓ 使用Flexbox可讓程式碼變得簡潔

程式碼

HTML

```html
<h2 class="heading">關於求職徵才資訊</h2>
```

CSS

```css
.heading {
    display: flex; /*讓文字與兩條線水平並列*/
    justify-content: center; /*讓文字與兩條線水平居中對齊*/
    align-items: center; /*讓文字與兩條線垂直居中對齊*/
    font-size: 32px;
}

.heading::before,
.heading::after {
    content: '';
    width: 3px;
    height: 40px;
```

```
    background-color: #e5c046;
}

.heading::before {
    margin-right: 30px;
    transform: rotate(-35deg); /*讓線條旋轉-35度*/
}

.heading::after {
    margin-left: 30px;
    transform: rotate(35deg); /*讓線條旋轉35度*/
}
```

解說

這種設計可用於想強調，又不想太高調的內容，例如註釋就是其中一種。這次沿用了前一節介紹的程式碼，在文字的左右兩側配置線條，之後再讓線條旋轉成傾斜的角度，藉此做出漫畫對話框的感覺。

利用display: flex讓文字與繪製兩條線的偽元素水平並列後，再用justify-content: center與align-items: center讓這三個元素於版面的正中央配置。之後再以margin指定文字與偽元素之間的空隙。

關於求職徵才資訊

利用偽元素在文字的左右兩側繪製直線，再用margin指定文字與線條之間的空隙

這次繪製的線條是直線。要繪製直線還是橫線，可透過旋轉的角度決定。如果希望線條再傾斜一點，可先繪製橫線再旋轉線條。

對左側線條的偽元素（::before）指定transform: rotate(-35deg)，以及對右側線條的偽元素（::after）指定transform: rotate(35deg)，就能讓這兩個偽元素旋轉，做出類似對話框的設計。

重點

☑ 更具視覺震撼的標題設計

☑ 由於是利用padding建立配置英文字母的空間，所以調整空隙很簡單

程式碼

`HTML`
```html
<h2 class="heading" data-en="Recruit"><span>關於求職徵才資訊</span></h2>
```

`CSS`
```css
.heading {
    position: relative;  /*配置英文字母的基準點*/
    padding-top: 50px;  /*中文文字的上方邊界*/
    padding-left: 30px;  /*中文文字的左側邊界*/
    font-size: 26px;
}

.heading span {
    position: relative;  /*為了啟用z-index所需的設定*/
    z-index: 0;  /*讓中文文字壓在英文字母上方*/
}
```

```
.heading::before { /*利用偽元素呈現英文字母*/
    content: attr(data-en); /*載入資料屬性*/
    position: absolute;
    transform: rotate(-5deg); /*讓英文字母傾斜*/
    top: 0;
    left: 0;
    color: #e5c046;
    font-size: 80px;
    font-weight: 400;
    font-family: 'Mrs Saint Delafield', cursive;
}
```

解說

這是搭配手寫英文字母的標題設計。這個範例使用的是Google Fonts的Mrs Saint Delafield字型。

Google Fonts - Mrs Saint Delafield
https://fonts.google.com/specimen/Mrs+Saint+Delafield

這次的範例對偽元素::before使用content: attr(data-en)，藉此載入HTML檔案的data-en="Recruit"的部分，接著利用transform: rotate(-5deg)讓文字傾斜。

「關於求職徵才資訊」的文字是以padding配置。

利用padding-top: 50px與padding-left: 30px建立配置英文字母的空間

如圖所示，在「關於求職徵才資訊」的上方與左側分別以padding-top: 50px與padding-left: 30px預留了空間。

→ 接續下一頁

利用position: absolute與top: 0、left: 0將英文字母配置在剛剛預留的空間。

如果想調整重疊的程度,可調整「關於求職徵才資訊」文字的padding-top: 50px與 padding-left: 30px這兩個值。

此外,這個方法也能快速調整標題前後的空隙。

這是前一個元素的文章。利用absolute指定位置就會很難調整空隙,所以建議利用padding調整。

這部分的空隙比較容易調整

Recruit

關於求職徵才資訊

這部分的空隙比較容易調整

標題前後的空隙容易調整

1-6 搭配英文字母與線條的標題

搭配英文字母與線條的標題雖然簡潔，不過相當顯眼，也能應用於各種類型的網站設計。在此為大家介紹標準樣式的標題設計。

1-6-1 圖示線條與英文字母

Recruit

關於求職徵才資訊

重點

☑ 簡潔卻顯眼的標題設計

程式碼

`HTML`
```html
<h2 class="heading"><span>Recruit</span>關於求職徵才資訊</h2>
```

`CSS`
```css
.heading {
    font-size: 26px;
}

.heading span { /*英文字母的設定*/
    display: flex;
    align-items: center; /*讓英文字母與線條垂直居中對齊*/
    margin-bottom: 10px;
```

→ 接續下一頁

```
    color: #e5c046;
    font-size: 18px;
    font-style: italic;
    font-family: 'Montserrat', sans-serif;
    text-transform: uppercase; /*設定大寫英文字母*/
}

.heading span::before { /*利用偽元素繪製黃色線條*/
    content: '';
    display: inline-block;
    margin-right: 20px;
    width: 40px;
    height: 1px;
    background-color: #e5c046;
}
```

解說

這是在主要的標題上方配置線條與英文字母的簡潔設計。

利用span括住英文字母,再利用span的偽元素::before繪製線條。這次的範例以 display: flex與align-items: center將span之內的文字與偽元素的線條垂直居中對齊 配置。

利用align-items: center讓元素垂直居中對齊

1-6-2 英文字母與底線

Recruit

關於求職徵才資訊

重點

☑ 能與段落保持相當距離的標題設計

☑ 想利用極簡設計整合質感的時候可以使用這種標題

程式碼

`HTML`
```html
<h2 class="heading" data-en="Recruit">關於求職徵才資訊</h2>
```

`CSS`
```css
.heading {
    position: relative;
    padding-bottom: 30px;
    font-size: 26px;
    text-align: center;
    background-image: linear-gradient( /*利用線性漸層繪製線條*/
        90deg, /*將漸層的方向改成由左至右的方向*/
        rgba(0 0 0 / 0) 0%, rgba(0 0 0 / 0) 35%, /*線條左側的透明部分的設
定*/
        #e5c046 35%, #e5c046 65%, /*繪製線條*/
        rgba(0 0 0 / 0) 65%, rgba(0 0 0 / 0) 100% /*線條右側的透明部分的
設定*/
```

→ 接續下一頁

← 銜接上一頁

```css
  );
  background-size: 100% 2px; /*指定線條加透明部分的大小*/
  background-repeat: no-repeat;
  background-position: center bottom;
}

.heading::before { /*利用偽元素植入英文字母*/
  content: attr(data-en); /*載入資料屬性*/
  display: block;
  margin-bottom: 10px;
  color: #e5c046;
  font-size: 20px;
  font-style: italic;
  font-family: 'Montserrat', sans-serif;
  text-transform: uppercase; /*將英文字母設定為大寫英文字母*/
}
```

解說

這是利用text-transform: uppercase將英文字母設定為大寫英文字母,再利用 background繪製底線的標題設計。

這個範例利用偽元素::before的content: attr(data-en)載入HTML檔案裡的資料屬性 data-en="Recruit",再套用樣式。

此外,底線是對background-image使用線性漸層linear-gradient繪製透明線條 rgba(0 0 0 / 0)與黃色線條。

```
background-image: linear-gradient(
    90deg,
    rgba(0 0 0 / 0) 0%, rgba(0 0 0 / 0) 35%,
    #e5c046 35%, #e5c046 65%,
    rgba(0 0 0 / 0) 65%, rgba(0 0 0 / 0) 100%
);
```

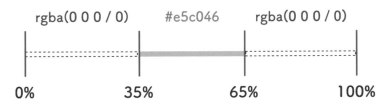

以%為繪製線條的單位

利用background-size: 100% 2px將background設定為寬100%、高2px的大小。為了讓background不在元素之內重複顯示，設定了background-repeat: no-repeat。接著利用background-position: center bottom讓背景配置在下方正中處。

以這個方法繪製的黃色線的寬度只有標題元素的30%，所以在電腦顯示以及在智慧型手機顯示時，需要調整這部分的設定。如果希望無論透過何種裝置瀏覽時，黃色線條的寬度都能固定，則可使用偽元素::after繪製線條。

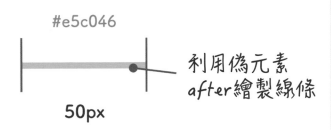

→ 接續下一頁

← 銜接上一頁

程式碼

```
CSS
.heading {
    position: relative; /*底線的配置基準點*/
    padding-bottom: 30px;
    font-size: 26px;
    text-align: center;
}

.heading::before { /*利用偽元素植入英文字母*/
    content: attr(data-en); /*載入資料屬性*/
    display: block;
    margin-bottom: 10px;
    color: #e5c046;
    font-size: 20px;
    font-style: italic;
    font-family: 'Montserrat', sans-serif;
    text-transform: uppercase;
}

.heading::after { /*利用偽元素繪製線條*/
    content: '';
    position: absolute;
    bottom: 0; /*配置在基準點的下方*/
    left: 50%; /*水平居中對齊*/
    transform: translateX(-50%); /*水平居中對齊*/
    width: 50px;
    height: 2px;
    background-color: #e5c046;
}
```

1-6-3 半透明英文字母與斜線

Recruit

關於求職徵才資訊

/

重點

☑ 利用半透視的視覺效果形塑印象的標題設計

☑ 利用標題下方的斜線引導使用者閱讀後續的內容

程式碼

`HTML`
```html
<h2 class="heading" data-en="Recruit"><span>關於求職徵才資訊</span></h2>
```

`CSS`
```css
.heading {
    position: relative; /*偽元素的基準*/
    padding-top: 65px; /*指定中文文字上方的空隙*/
    padding-bottom: 50px; /*指定中文文字下方的空隙*/
    font-size: 26px;
    text-align: center;
}
.heading span {
    position: relative; /*為了啟用z-index所需的設定*/
    z-index: 2; /*將英文字母配置在上層*/
}
.heading::before { /*利用偽元素植入英文字母*/
```

→ 接續下一頁

← 銜接上一頁

```css
    content: attr(data-en); /*載入資料屬性*/
    position: absolute;
    top: 0; /*配置在基準點的上方*/
    left: 50%; /*水平居中對齊*/
    transform: translateX(-50%); /*水平居中對齊*/
    color: rgba(229 192 70 / .3); /*指定半透明的文字顏色*/
    font-size: 80px;
    font-style: italic;
    font-family: 'Montserrat', sans-serif;
    z-index: 1;
}
.heading::after { /*利用偽元素繪製斜線*/
    content: '';
    position: absolute;
    bottom: 0; /*配置在基準點的下方*/
    left: 50%; /*水平居中對齊*/
    transform: translate(-50%) rotate(30deg); /*指定水平居中對齊與旋轉30
度*/
    width: 1px;
    height: 40px;
    background-color: #e5c046;
}
```

解說

文字字級加大常有過於強勢的感覺，但是將顏色設定成半透明，就能營造恰到好處的
效果。

這個範例利用padding-top: 65px與padding-bottom: 50px在元素內部的上下兩側預
留了空白，再於元素之內配置半透明的英文字母與斜線。這種方式不僅能快速配置半
透明的文字與斜線，還能在前後的元素之間預留空隙。

padding的範圍

Recruit

關於求職徵才資訊

padding的範圍

在中文文字上下以padding預留空隙，
調整英文字母與斜線的位置

半透明英文字母的部分是利用content: attr(data-en)的語法將記載在HTML檔案裡的資料屬性「Recruit」載入偽元素::before。載入之後就能套用樣式。

利用position: absolute與top: 0讓英文字母配置在元素內部的上方，再利用left: 50%與transform: translateX(-50%)將英文字母配置在水平居中的位置。

此外，斜線的部分是利用偽元素::after植入，之後利用position: absolute與bottom: 0配置在元素內部的下方，再利用left: 50%與transform: translateX(-50%)配置在水平居中的位置。最後利用transform: rotate(30deg)讓線條旋轉30度傾斜。

再者，為了讓中文文字壓在英文字母上面，對中文文字使用了span標籤，再利用z-index設定重疊順序。如果取消z-index的設定，偽元素的英文字母就會壓在中文文字上方，所以大家可視設計的需求調整重疊的相關性。

1-7 搭配數字與線條的標題

當頁面刊載的是強調流程的內容時，就必須使用標題上附加數字的設計。下面將介紹能用於這種情況的設計。

1-7-1 數字與直線

01

|

關於求職徵才資訊

重點

☑ 利用留白營造悠哉寬鬆與時尚的印象

☑ 由於數字很醒目，所以很適合用來設計強調流程的標題

程式碼

HTML
```html
<h2 class="heading" data-number="01">關於求職徵才資訊</h2>
```

CSS
```css
.heading {
    position: relative; /*偽元素的基準*/
    font-size: 26px;
    text-align: center;
    line-height: 1;
}

.heading::before { /*利用偽元素植入數字*/
```

```
    content: attr(data-number); /*載入資料屬性*/
    display: block;
    margin-bottom: 50px;
    color: #e5c046;
    font-size: 30px;
}

.heading::after { /*利用偽元素繪製線條*/
    content: '';
    position: absolute;
    top: 45px;
    left: 50%; /*水平居中對齊*/
    transform: translateX(-50%); /*水平居中對齊*/
    width: 1px;
    height: 20px;
    background-color: #e5c046;
}
```

解說

這是故意利用留白營造寬鬆質感的標題設計。數字與線條則利用偽元素::before
與::after植入。

第一步先以content: attr(data-number)將記載在HTML檔案裡的資料屬性，也就是
「01」的部分載入偽元素::before，再顯示這個數字。margin-bottom: 50px的值則
是用以指定包含在數字下方黃色線條的留白部分。

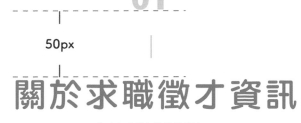

指定包含黃色線條的留白

→ 接續下一頁

← 銜接上一頁

利用偽元素::after繪製黃色線條之後，再利用position: absolute與left: 50%、transform: translateX(-50%)的設定讓黃色線條位於水平居中的位置，之後利用top: 45px的設定讓黃色線條以數字上方的父元素為基準，決定垂直方向的位置。之後則是一邊調整線條的位置，一邊讓線條落在數字下方的留白中央處。如果想要調整程式碼的值，可試著調整top: 45px的值。

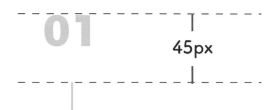

調整top: 45px的值就能調整直線的垂直位置

1-7-2　數字與上線

01

關於求職徵才資訊

重點

- ✓ 除了可突顯間隔，還能讓使用者注意到順序的標題
- ✓ 利用background呈現上線，可讓程式碼變得更簡潔

程式碼

HTML
```html
<h2 class="heading" data-number="01">關於求職徵才資訊</h2>
```

CSS
```css
.heading {
    position: relative; /*偽元素的基準*/
    padding-top: 10px;
    font-size: 26px;
    background-image: linear-gradient( /*線性漸層*/
        90deg, /*旋轉90度，讓漸層的方向變成由左至右*/
        #e5c046 0%, #e5c046 30%, /*指定線條顏色*/
        rgba(0 0 0 / 0) 30%, rgba(0 0 0 / 0) 100% /*指定透明的部分*/
    );
    background-size: 100% 1px; /*指定線條的寬與長的大小*/
    background-repeat: no-repeat;
    background-position: left top;
```

→ 接續下一頁

← 銜接上一頁

```
}

.heading::before { /*利用偽元素植入數字*/
   content: attr(data-number); /*載入資料屬性*/
   display: block;
   margin-bottom: 20px;
   color: #e5c046;
   font-size: 26px;
   font-weight: 800;
}
```

解說

這次是利用background繪製上方的黃色線條。線性漸層linear-gradient的預設值為由上至下的漸層色，所以利用90deg的設定讓漸層的方向轉成由左至右。

這次利用#e5c046 0%, #e5c046 30%繪製從0%（元素左側的基準點）到30%這個範圍的黃色線條，再利用rgba(0 0 0 / 0) 30%, rgba(0 0 0 / 0) 100%的設定讓30%到100%的位置變成透明。

將黃色線條指定為整條線的30%大小

利用background-size: 100% 1px的設定將線條設定為寬100%、高1px的粗細，再利用background-repeat: no-repeat避免背景重複顯示，最後再利用background-position: left top以元素內部的左上角為基準點。

數字的部分是以偽元素::before植入，主要是透過content: attr(data-number)取得記載於HTML檔案的資料屬性再套用樣式。

10px

01

20px

關 於 求 職 徵 才 資

利用margin或padding指定空隙

空隙的部分是對父元素設定heading { padding-top: 10px }，以及對偽元素設定.heading::before { margin-bottom: 20px }的方式植入。

注意事項

由於黃色線條是指定為整體寬度的30%，所以有可能會因為螢幕大小導致黃色線條的寬度有誤。若希望黃色線條的寬度固定，可刪除.heading之中所有與background有關的程式碼，再追加下方的程式碼

程式碼

```
.heading::after {
    content: '';
    position: absolute;
    top: 0;
    left: 0;
    width: 70px; /*指定黃色線條的寬度*/
    height: 1px;
    background-color: #e5c046
}
```

01 關於求職徵才資訊

重點

- ✓ 利用數字與底線打造簡潔的標題設計
- ✓ 也可支援多行標題

程式碼

HTML
```html
<h2 class="heading" data-number="01">關於求職徵才資訊</h2>
```

CSS
```css
.heading {
    position: relative; /*偽元素的基準*/
    padding-left: 2em; /*指定中文文字的左側空隙*/
    font-size: 26px;
}

.heading::before { /*利用偽元素植入數字與底線*/
    content: attr(data-number); /*載入資料屬性*/
    position: absolute;
    top: 0;
    left: 0;
    padding-bottom: 5px;
```

```
    color: #e5c046;
    font-size: 26px;
    font-weight: 800;
    border-bottom: 1px solid #e5c046;
}
```

解說

這是讓標題文字與帶有底線的數字水平並列的標題設計。要請大家注意的是第二行的處理。標題文字如果太長，有可能在電腦螢幕為一行，但在智慧型手機螢幕變成很多行，所以要先決定第二行標題的開始位置。

這次將第二行的開始位置設定成與文字相同的位置，所以利用.heading { padding-left: 2em }植入空隙。

利用padding-left在數字與底線之間植入空隙，讓標題拆成多行時也能正確顯示

這次是利用偽元素植入數字與底線，再利用position: absolute、top: 0與left: 0將這兩個偽元素往元素內部的左上角對齊。

配置在元素的左上角

01 關於求職徵才資訊

重點

☑ 這是將數字設定為半透明色，藉此營造不同印象的標題設計
☑ 可利用數字字型塑造出不同的印象

程式碼

HTML
```html
<h2 class="heading" data-number="01"><span>關於求職徵才資訊</span></h2>
```

CSS
```css
.heading {
    position: relative; /*偽元素的基準*/
    padding: 1em;
    font-size: 26px;
    border-bottom: 2px solid #e5c046;
}

.heading span {
    position: relative; /*為了啟用z-index所需的設定*/
    z-index: 2; /*指定中文文字的重疊順序*/
}
```

```
.heading::before { /*利用偽元素植入數字與文字*/
    content: attr(data-number); /*載入資料屬性*/
    position: absolute;
    top: 0;
    left: 0;
    color: rgba(229 192 70 / .4); /*指定半透明的文字顏色*/
    font-size: 54px;
    font-weight: 800;
    z-index: 1;
}
```

解說

半透明的數字看起來沒什麼存在感，但其實是具有震撼力的標題設計。

第一步先在「關於求職徵才資訊」的周圍利用padding: 1em預留空隙，接著讓背景的半透明數字位移，以及在底線與「關於求職徵才資訊」的文字之間預留空隙。

利用padding預留空隙，拿捏標題文字、底線與數字之間的相對位置

這次的數字是以偽元素::before的content: attr(data-number)從HTML檔案載入資料屬性再套用樣式。最後利用position: absolute、top: 0與left: 0將數字配置在元素內部的左上角。

1-8 裝飾簡單的標題

近年來的標題裝飾都相對簡單，而且辨識度都很高，所以在此要介紹只以CSS就能完成的標題裝飾。

1-8-1 利用斜線突顯的標題

關於求職徵才資訊

重點

- ☑ 這是通用性極高又可愛的標題設計
- ☑ 以background代替偽元素可讓程式碼變得更簡潔

程式碼

HTML
```html
<h2 class="heading">關於求職徵才資訊</h2>
```

CSS
```css
.heading {
    padding: 0 2em 20px;
    font-size: 26px;
    background-image: repeating-linear-gradient( /*線性漸層*/
        -45deg, /*為了讓漸層變成斜線而旋轉-45度*/
        #e5c046 0px, #e5c046 2px, /*指定線條的顏色與寬度*/
        rgba(0 0 0 / 0) 0%, rgba(0 0 0 / 0) 50% /*線指定線條之間的空隙*/
    );
```

Web Design Idea Recipe

```
    background-size: 8px 8px; /*指定了線性漸層的background的大小*/
    background-repeat: repeat-x; /*指定背景重複顯示*/
    background-position: center bottom;
}
```

解說

這是利用斜線作為裝飾的標題設計。這種通用性極高的標題設計可利用background取代偽元素完成。

這次是對background-image使用重複線性漸層repeating-linear-gradient，藉此繪製斜線。repeating-linear-gradient的預設值為由上至下的漸層，所以利用-45deg讓漸層轉成傾斜的角度。

利用#e5c046 0px, #e5c046 2px繪製黃色線條，再利用rgba(0 0 0 / 0) 0%, rgba(0 0 0 / 0) 50%繪製透明的部分。利用background-size: 8px 8px指定背景的大小，再利用background-repeat: repeat-x讓背景沿著X軸方向重複配置，最後利用background-position: center bottom讓斜線背景配置在元素的下方中央處。

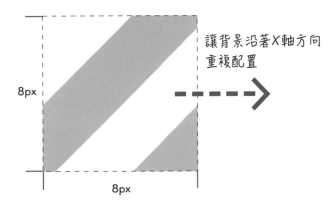

讓這個background沿著X軸方向重複配置以表現斜線

文字與斜線之間的空隙可利用padding調整。

關於求職徵才資訊

××××××××××××××××××××××××××××××××

重點

- ✔ 雖然簡單，卻印象深刻的標題設計
- ✔ 以background代替偽元素可讓程式碼變得更簡潔

程式碼

HTML
```html
<h2 class="heading">關於求職徵才資訊</h2>
```

CSS
```css
.heading {
    padding: 0 2em 20px;
    font-size: 26px;
    background-image:
        repeating-linear-gradient( /*重複線性漸層*/
            45deg, /*為了讓漸層變成斜線而旋轉45度*/
            #e5c046 0px, #e5c046 1px, /*設定線條的顏色與寬度*/
            rgba(0 0 0 / 0) 0%, rgba(0 0 0 / 0) 50% /*指定線條之間的空隙*/
        ),
        repeating-linear-gradient( /*重複線性漸層*/
            -45deg, /*為了讓漸層變成斜線而旋轉-45度*/
            #e5c046 0px, #e5c046 1px, /*設定線條的顏色與寬度*/
```

```
              rgba(0 0 0 / 0) 0%, rgba(0 0 0 / 0) 50% /*指定線條之間的空隙*/
      );
    background-size: 8px 8px; /*指定了線性漸層的background的大小*/
    background-repeat: repeat-x; /*指定背景重複顯示*/
    background-position: center bottom;
}
```

解　說

這是利用像網子一般的網底裝飾的標題設計。主要是在前一節〈利用斜線突顯的標題〉
的斜線上配置反向的斜線。

追加背景的方法就是在background-image內追加repeating-linear-gradient，再調
整旋轉的角度。要使用多個repeating-linear-gradient只需要利用逗號（,）間隔。

```
repeating-linear-gradient(
    45deg,
    #e5c046 0px, #e5c046 1px,
    rgba(0 0 0 / 0) 0%, rgba(0 0 0 / 0) 50%
), /*利用逗號間隔，再追加repeating-linear-gradient*/
```

```
repeating-linear-gradient(
    -45deg,
    #e5c046 0px, #e5c046 1px,
    rgba(0 0 0 / 0) 0%, rgba(0 0 0 / 0) 50%
);
```

1-8-3　追加縫線當作裝飾的標題設計

關於求職徵才資訊

- -

重點

☑ 利用border無法呈現的縫線作為裝飾的標題設計

☑ 調整線條的長度與線與線之間的空隙可營造出不同的印象

程式碼

```
HTML
<h2 class="heading">關於求職徵才資訊</h2>
```

```
CSS
.heading {
    padding: 0 2em 20px;
    font-size: 26px;
    background-image:
    repeating-linear-gradient( /*重複線性漸層*/
        90deg, /*為了轉換成斜線而旋轉90度*/
        #e5c046 0px, #e5c046 12px, /*指定線條顏色*/
        rgba(0 0 0 / 0) 12px, rgba(0 0 0 / 0) 20px /*指定線條之間的空隙*/
    );
    background-size: 20px 2px; /*指定了線性漸層的background的大小*/
    background-repeat: repeat-x; /*指定背景重複顯示*/
    background-position: center bottom;
}
```

解說

這是可用來呈現素材質感的標題設計。縫線只要應用〈利用斜線突顯的標題〉就可以完成。

乍看之下，這個設計似乎可利用border-bottom: 2px dashed #e5c046的設定完成，但這個範例的虛線寬度以及虛線之間的空隙是能調整的，故可隨時營造不同的觀感。

關於求職徵才資訊

調整線條長度，但不調整線與線之間的空隙

關於求職徵才資訊

調整線條之間的空隙與線條的長度

光是調整線條與空隙的長度就能營造截然不同的印象，所以可依照設計的質感設定適當的虛線。

這次是利用重複線性漸層repeating-lincar-gradient繪製虛線。漸層的預設值為由上往下的方向，所以要利用90deg讓漸層轉90度呈現水平。

接著利用background-size: 20px 2px設定寬20px與高2px的背景大小，藉此調整線條的大小。這部分的大小當然也能隨時調整。

將0px至12px之間的線條設定為黃色線條，再利用rgba(0 0 0 / 0)將12px至20px之間的線條設定為空隙，最後利用background-repeat: repeat-x讓背景沿著X軸（水平方向）重複顯示，以及利用background-position: center bottom將背景配置在元素的下方中央。

1-8-4　雙色引號

關於求職徵才資訊

重點

- ☑ 這是看似簡單，卻很活潑的標題設計
- ☑ 利用配色營造不同的印象

程式碼

`HTML`
```html
<h2 class="heading">關於求職徵才資訊</h2>
```

`CSS`
```css
.heading {
    display: flex; /*水平並列*/
    justify-content: center; /*水平居中對齊*/
    align-items: center; /*垂直居中對齊*/
}

.heading::before,
.heading::after {
    content: '';
    width: 15px; /*引號的寬度*/
    height: 15px; /*引號的高度*/
}
```

```
.heading::before {  /*利用偽元素繪製左上角的引號*/
    margin: -80px 30px 0 0;  /*配置左上角的引號*/
    border-top: 15px solid #e5c046;
    border-left: 15px solid #c4990a;
}

.heading::after {  /*利用偽元素繪製右下角的引號*/
    margin: 0 0 -80px 30px;  /*配置右下角的引號*/
    border-right: 15px solid #c4990a;
    border-bottom: 15px solid #e5c046;
}
```

解說

這是利用引號當裝飾的標題設計。這次使用的是CSS的偽元素完成設計。

引號是以偽元素::before與::after植入，再以border呈現。第一步先將偽元素的大小設定為width: 15px與height: 15px，再將border的線條寬度設定為15px。

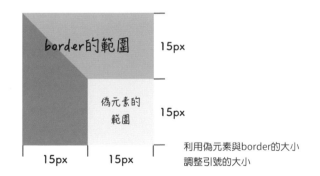

利用偽元素與border的大小
調整引號的大小

利用偽元素指定大小的部分是圖中的灰色區塊。由於width的設定與border的大小無關，所以才會如圖分別計算偽元素與border的大小。這次的範例是將偽元素與border設定為相同的大小，藉此繪製線條較短的引號，但其實也能繪製長線條的引號。此時只需要將偽元素設定成比border的值更大即可。

→ 接續下一頁

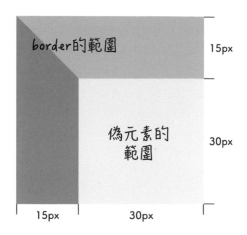

調整偽元素與border的值
就能調整引號的形狀

只要調整偽元素與border的值，就能調整引號的形狀。此外，這次繪製了雙色
border，可調整每個位置的border的顏色。

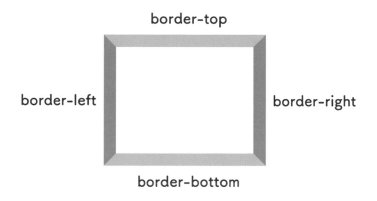

調整每個位置的border的顏色，就能營造活潑的印象

不同的配色有不同的印象，大家可依照設計所需的質感調整設定。

Web Design Idea Recipe

關於求職徵才資訊

```CSS
::before { /*左上角的引號*/
    border-top: 15px solid #d53cce;
    border-left: 15px solid #961991;
}

::after { /*右下角的引號*/
    border-right: 15px solid #961991;
    border-bottom: 15px solid #d53cce;
}
```

關於求職徵才資訊

```CSS
::before { /*左上角的引號*/
    border-top: 15px solid #3aa5ac;
    border-left: 15px solid #107f86;
}
::after { /*右下角的引號*/
    border-right: 15px solid #107f86;
    border-bottom: 15px solid #3aa5ac;
}
```

關於求職徵才資訊

```CSS
::before { /*左上角的引號*/
    border-top: 15px solid #d86977;
    border-left: 15px solid #c14252;
}

::after { /*右下角的引號*/
    border-right: 15px solid #c14252;
    border-bottom: 15px solid #d86977;
}
```

1-8-5　文字位移的技巧

重點

☑ 進一步營造活潑印象的標題設計

☑ 讓粗體英文字轉換成斜體就能更強調框線，是非常推薦的設計手法

程式碼

`HTML`
```html
<h2 class="heading">Recruit</h2>
```

`CSS`
```css
.heading {
    -webkit-text-stroke: 3px #555; /*指定文字框線的樣式*/
    text-shadow: 4px 4px 0 #e5c046; /*指定黃色文字的樣式*/
    color: rgba(0 0 0 / 0); /*將本來的文字指定為透明色*/
    font-size: 100px;
    font-weight: 700;
    font-style: italic;
    font-family: 'Montserrat', sans-serif;
}
```

解說

這是讓文字框線位移，營造活潑印象的標題設計。

text-stroke可指定文字的框線。就現狀而言，所有的網頁瀏覽器都必須加上前綴才能使用，所以都先加上-webkit-再撰寫後續的程式碼。

-webkit-text-stroke: 3px #555的部分指定了框線的粗細與顏色。這部分的簡寫程式碼可拆解成下列的程式碼。

```
-webkit-text-stroke-width: 3px;
-webkit-text-stroke-color: #555;
```

此外，以text-shadow指定文字的顏色與位置。一般來說，text-shadow只是替文字套用陰影的屬性，但範例中透過此屬性繪製文字後，還讓這個文字與剛剛設定的text-stroke錯開位置。

```
text-shadow: 4px 4px 0 #e5c046;
```

將blur-radius的值設定為0，就能表現出沒有模糊效果、邊緣銳利的文字。預設的文字是隱藏的，所以利用color: rgba(0 0 0/0)設定為透明色。

最後，根據字型大小以offset-x與offset-y的值調整位移的程度。

2 文字裝飾

2-1 像是螢光筆描繪的底線

在想要強調的文字上，能夠額外加標記或者是裝飾。

重點

- ☑ 不用偽元素就能完成以螢光筆畫線的設計
- ☑ 利用簡單的裝飾強調文字
- ☑ 可調整線條的粗細

程式碼

HTML

```
<p>在想要強調的文字上，<span class="emphasis">能夠額外加標記</span>或者是裝飾。</p>
```

CSS

```
.emphasis {
    background-image: linear-gradient( /*線性漸層*/
        rgba(0 0 0 / 0) 70%, /*透明*/
        #e5c046 70% /*以螢光筆畫線的設計*/
    );
}
```

Web Design Idea Recipe

解說

這像是以螢光筆畫出重點，利用底線裝飾文字的設計。底線是以background-image 繪製。這個範例使用了線性漸層linear-gradient，並將0%至70%的部分利用rgba(0 0 0 / 0)設定為透明，以及在70%至100%的部分顯示有顏色的線條。

從基準點0%到70%的部分為透明，70%到100%的部分則套用了顏色

調整底線的顏色就能營造不同的印象。請大家依照網站的主題色調整顏色。

想要強調的文字

```
.emphasis {
    background-image: linear-gradient(
        rgba(0 0 0 / 0) 70%,
        #eb5b87 70%
    );
}
```

想要強調的文字

```
.emphasis {
    background-image: linear-gradient(
        rgba(0 0 0 / 0) 70%,
        #53a8c7 70%
    );
}
```

想要強調的文字

```
.emphasis {
    background-image: linear-gradient(
        rgba(0 0 0 / 0) 70%,
        #54b75c 70%
    );
}
```

2-2　強調每個文字

一般來說，都會利用粗體字或是底線裝飾重點文字，但隨著text-emphasis問世，強調的手法也變得多元。在此介紹能自然地強調文字的程式碼。

2-2-1　芝麻點

在想要強調的文字上，

能夠額外加標記或者是

裝飾。

重點

- ✔ 可在想要強調每個文字時使用的設計
- ✔ 雖然單純，但是卻很吸睛

程式碼

共通 HTML

```html
<p>在想要強調的文字上，<span class="emphasis">能夠額外加標記</span>或者是裝飾。</p>
```

CSS

```css
.emphasis {
    text-emphasis: sesame #e5c046;
    -webkit-text-emphasis: sesame #e5c046;
}
```

解說

這是利用CSS屬性text-emphasis強調文字的設計手法。text-emphasis在本書執筆之際（2022年1月）僅Firefox與Safari完全支援，所以其他的網頁瀏覽器必須加上前綴-webkit-才能使用這個屬性。

2-2-2　空心圓

在想要強調的文字上，能夠額外加標記或者是裝飾。

重點

☑ 可在想要強調每個文字時使用的設計

☑ 雖然單純，但是卻很吸睛

程式碼

`CSS`

```css
.emphasis {
    text-emphasis: open circle #e5c046;
    -webkit-text-emphasis: open circle #e5c046;
}
```

解說

這是在文字加上圓圈，增添活潑印象與強調文字的設計方式。與前頁的芝麻點一樣，text-emphasis在本書執筆之際（2022年1月）僅Firefox與Safari完全支援，所以其他的網頁瀏覽器必須加上前綴-webkit-才能使用這個屬性。

在circle的值加入open即可繪製空心圓。

→ 接續下一頁

← 銜接上一頁

順帶一提，如果利用text-emphasis: circle #e5c046代替open，就可以完成下圖的設計。

```
.emphasis {
    text-emphasis: circle #e5c046;
    -webkit-text-emphasis: circle #e5c046;
}
```

在想要強調的文字上，
能夠額外加標記或者是
裝飾。

也可以設定成雙重圓形。

```
.emphasis {
    text-emphasis: double-circle #e5c046;
    -webkit-text-emphasis: double-circle #e5c046;
}
```

在想要強調的文字上，
能夠額外加標記或者是
裝飾。

Web Design Idea Recipe

2-3 波浪線

在想要強調的文字上，能夠額外加標記或者是裝飾。

重點

- ✓ 在想進一步強調時能夠使用的文字裝飾
- ✓ 調整波浪線的樣式可塑造不同的印象

程式碼

```css
CSS
.emphasis {
    text-decoration: #e5c046 wavy underline 5px;
    -webkit-text-decoration: #e5c046 wavy underline 5px;
}
```

解說

這是利用波浪線讓想強調的文字更加醒目的設計手法。雖然很常對文字使用text-decoration屬性的underline（底線），但這次要介紹的是作為文字裝飾的wavy（波浪線）。

此設計的程式碼是利用簡寫方式呈現。我們將這個程式碼分解成下列的內容。

→ 接續下一頁

← 銜接上一頁

- text-decoration-color: #e5c046;
- text-decoration-style: wavy;
- text-decoration-line: underline;
- text-decoration-thickness: 5px;

- text-decoration-color…線條顏色
- text-decoration-style…線條樣式
- text-decoration-line…線條位置
- text-decoration-thickness…線條粗細

調整線條的樣式、顏色、位置與粗細，就能創造截然不同的印象。

在想要強調的文字上，能夠額外加標記或者是裝飾。

text-decoration-thickness: 7px;

此外，在本書執筆之際（2022年1月），只有Safari不支援簡寫的程式碼，所以必須加上前綴-webkit-才能使用這個屬性。

2-4 背景色（box-decoration-break）

在主要
視覺效果上
能夠使用的設計

重點

- ✔ 可以用於主要視覺效果之文案的文字設計
- ✔ 即使壓在照片上方，也能保有一定的辨識度
- ✔ 調整每一行文字的背景方框之內的留白

程式碼

HTML
```
<div class="emphasis"><p>在主要視覺效果上能夠使用的設計</p></div>
```
CSS
```
.emphasis p {
    box-decoration-break: clone; /*能於每一行設定樣式的設定*/
    -webkit-box-decoration-break: clone; /*讓Firefox外的瀏覽器也適用*/
    display: inline;
    padding: 10px;
    font-size: 32px;
    font-weight: 700;
    line-height: 2.2;
    background-color: #e5c046;
}
```

這是在文字加上背景色的設計。想讓壓在照片上的文字更容易閱讀，或是想讓整個版本的印象變得更活潑，都可以使用這項手法，讓文字變得更有魅力。

指定box-decoration-break的clone值，就能對每一行文字設定樣式。

每一行都沒有padding

在主要

視覺效果上

能夠使用的設計

若未使用box-decoration-break，留白就會錯位

從圖中可以發現，若沒有指定box-decoration-break，就無法以每一行文字的背景色作為基準指定留白，也就無法完成想要的設計。

每一行都有padding

在主要

視覺效果上

能夠使用的設計

指定box-decoration-break: clone後，每行的留白就會一致

使用box-decoration-break: clone之後，樣式的基準點就是每一行文字。由於padding的基準點是每一行文字，所以就能調整留白了。

在本書執筆之際（2022年1月），只有Firefox支援這項語法，所以其他的網頁瀏覽器必須加上前綴-webkit-才能使用。

2-5 如同筆記本般的分割線

能夠利用CSS替文字增添

如同筆記本一般的分割線

重點

- ☑ 最適合用來傳遞大量資訊的文字裝飾
- ☑ 簡單又熟悉的基本設計
- ☑ 筆記本的分割線可用來強調整篇文章

程式碼

`HTML`
```
<p>能夠利用CSS替文字增添如同筆記本一般的分割線</p>
```

`CSS`
```
p {
    margin: 0 auto;
    padding: 0 1.5em;
    font-size: 18px;
    line-height: 3; /*文字與分割線之間的空隙*/
    background-image: linear-gradient( /*線性漸層*/
        rgba(0 0 0 / 0) 0%, rgba(0 0 0 / 0) 98%, /*透明的部分*/
        #ccc 100% /*植入分割線*/
    );
    background-size: 100% 3em; /*從空隙（透明部分）到分割線的大小*/
}
```

可以只透過CSS繪製讓文字變得更容易閱讀的淡色分割線，整個版面看起來就像是筆記本的內頁。對background使用線性漸層linear-gradient就能完成這項設計。

rgba(0 0 0 / 0) 0, rgba(0 0 0 / 0) 98%是將每一行從0%到98%的部分設定為透明色，接著再以#ccc將98%至100%的部分設定為灰色。線條的顏色可在這部分的程式碼調整。

此外，line-height與background-size的高度（Y軸）指定為相同的值，就能讓分割線等距顯示。

按鈕設計

近年來，簡單的按鈕設計愈來愈受歡迎，但只要在按鈕加上畫龍點睛的裝飾，就能讓按鈕變得更醒目也更好使用。在此要介紹不使用圖片製作，通用性極高的按鈕設計手法。

1 錯開的斜線背景與背景色

関於我們的團隊

重點

☑ 使用斜線營造恰到好處的活潑印象之按鈕設計

☑ 由於這種斜線背景是以線性漸層取代圖片完成，所以可隨時調整線條的粗細、空隙與顏色

程式碼

HTML

```
<a href=""><span>關於我們的團隊</span></a>
```

CSS

```
a {
    display: block;
    position: relative; /*斜線背景的基準*/
    color: #333;
    text-decoration: none;
}
```

```
a span {
    display: flex;
    justify-content: center; /*水平居中對齊*/
    align-items: center; /*垂直居中對齊*/
    position: relative; /*為了套用z-index所需的設定*/
    padding: 30px 10px;
    width: 260px;
    font-size: 18px;
    font-weight: 700;
    background-color: #90be70;
    z-index: 2; /*指定重疊順序*/
}

a::before { /*斜線背景的設定*/
    content: '';
    position: absolute;
    bottom: -5px; /*讓斜線往基準點的下方移動-5px*/
    right: -5px; /*讓斜線往基準點的右側移動-5px*/
    width: 100%;
    height: 100%;
    background-image: repeating-linear-gradient( /*利用線性漸層來繪製斜
線*/
        -45deg, /*讓線性漸層旋轉-45度*/
        #2b550e 0px, #2b550e 2px, /*替斜線設定顏色*/
        rgba(0 0 0 / 0) 0%, rgba(0 0 0 / 0) 50% /*空隙（透明）的設定*/
    );
    background-size: 8px 8px; /*指定background-image的大小*/
    z-index: 1; /*指定重疊順序*/
}
```

解 說

這是讓斜線稍微位移，看起來很時髦的按鈕設計。

綠色的背景色以span植入，斜線背景再以偽元素before呈現。斜線是以重複線性漸層
repeating-linear-gradient植入。

→ 接續下一頁

← 銜接上一頁

repeating-linear-gradient的預設值為由上至下的漸層，所以要利用-45deg的設定讓漸層方向傾斜，再利用#2b550e 0px, #2b550e 2px設定斜線的顏色，以及利用rgba(0 0 0 / 0) 0%, rgba(0 0 0 / 0) 50%的設定表現線段間的空隙（透明部分）。

```
repeating-linear-gradient(
    -45deg,
    #2b550e 0px, #2b550e 2px,
    rgba(0 0 0 / 0) 0%, rgba(0 0 0 / 0) 50%
)
```

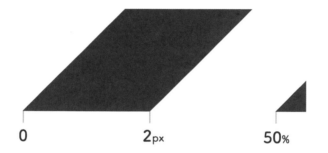

這個範例將背景的大小指定為background-size: 8px 8px，也不使用background-repeat的設定，直接套用預設值repeat，所以8px 8px大小的背景會塞滿這個元素。

此外，這次之所以會使用span是為了解決重疊順序的問題。不過，就算不使用span，也可以直接在a標籤指定綠色背景色，然後將z-index: -1指定給偽元素::before，也能解決重疊順序的問題。

要注意的是，假設父元素指定了背景，斜線背景就會被該背景遮住，無法正常顯示。

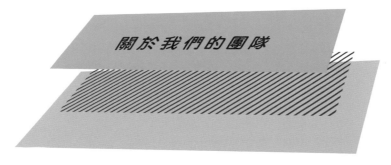

斜線背景跑到父元素下層而無法正常顯示

因此，這次才使用span設定綠色背景色，讓斜線背景位於綠色背景以及父元素背景之間。

利用z-index的設定將斜線背景置於span指定的綠色背景色與父元素的背景之間

```
a span { /*文字*/
    z-index: 2; /*這部分在上層*/
}

a::before { /*斜線背景*/
    z-index: 1; /*這部分在下層*/
```

利用z-index調整重疊順序雖然方便，但用得太多有可能會產生錯亂，所以最好只在必要的元素使用。

2 錯開的框線與背景色

關於我們的團隊

重點

☑ 憑藉著框線營造簡單又活潑的印象

程式碼

HTML
```
<a href="">關於我們的團隊</a>
```

CSS
```
a {
    display: block;
    position: relative; /*框線的基準*/
    padding: 30px 10px;
    width: 260px;
    color: #333;
    font-size: 18px;
```

```
    font-weight: 700;
    text-align: center;
    text-decoration: none;
    background-color: #90be70;
}

a::before { /*利用偽元素植入框線*/
    content: '';
    position: absolute;
    top: -8px;
    left: -8px;
    width: calc(100% - 4px); /*減去偽元素的左右框線大小×2的算式*/
    height: calc(100% - 4px); /*減去偽元素的上下框線大小×2的算式*/
    background-color: rgba(0 0 0 / 0); /*設定為透明*/
    border: 2px solid #2b550e; /*框線的樣式*/
}
```

解說

這種讓框線位移的按鈕設計看似簡單,卻能讓人印象深刻。

在a標籤指定按鈕的基本形狀,再利用偽元素::before根據按鈕的形狀繪製框線,最後再利用top: -8px與left: -8px讓框線位移。

之所以將width與height設定為calc(100% - 4px),是因為background與border的大小不同。

寬度的差異

→ 接續下一頁

高度的差異

如果將兩個大小不同的元素放在一起,再讓它們彼此錯開的話,整個畫面看起來會怪怪的,所以將before的寬width與高height設定為calc(100% – 4px),利用calc減掉2條線條的寬度(在這個範例之中,等於減掉2px＋2px＝4px),讓按鈕與框線的大小一致。

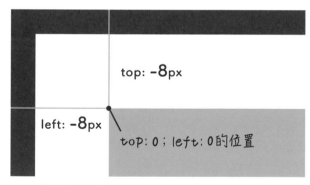

將框線位置指定為top: -8px;left: -8px,讓框線位移

在框線位置的部分,先對偽元素::before指定position: absolute,再利用top: -8px與left: -8px讓框線位移。

Web Design Idea Recipe

此外，光是調整框線的位置就能營造不同的印象。

關於我們的團隊

```
a::before { /*讓框線往右上角位移*/
    top: -8px;
    right: -8px;
}
```

top: 0px與left: 0px的位置落在父元素border的內側而不是外側。由於這次沒有對父元素指定border，所以不會產生任何問題，但如果指定了border，設計時就必須特別注意位置。

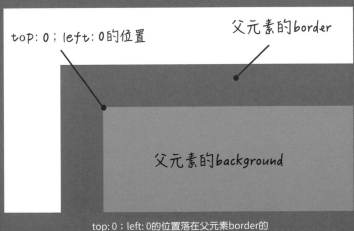

top: 0；left: 0的位置落在父元素border的
內側而不是外側，千萬要注意這點

3 斜線框與背景色

関 於 我 們 的 團 隊

重點

☑ 利用斜線繪製可愛的框線

程式碼

HTML
```
<a href="">關於我們的團隊</a>
```

CSS
```
a {
    display: block;
    padding: 30px 10px;
    width: 260px;
    color: #333;
    font-size: 18px;
    font-weight: 700;
```

```
    text-align: center;
    text-decoration: none;
    background-color: #90be70;
    border-image-source: /*利用圖表呈現框線的屬性*/
    repeating-linear-gradient( /*利用線性漸層呈現框線*/
        45deg, /*讓線性漸層旋轉45度*/
        #2b550e 0px, #2b550e 4px, /*設定斜線的顏色*/
        rgba(0 0 0 / 0) 4px, rgba(0 0 0 / 0) 6px /*空隙（透明）的設定*/
    );
    border-image-slice: 3; /*指定border4邊的使用範圍*/
    border-width: 3px; /*框線的寬度*/
    border-image-repeat: round; /*讓斜線以磁磚狀的方式重複顯示*/
    border-style: solid; /*將斜線設定為實心線*/
}
```

解說

這是利用斜線繪製框線，營造活潑印象的按鈕設計。接下來要在border-image屬性指定各種線性漸層的設定。

border-image-source是在border的部分設定圖片的屬性，而這個範例則是設定了線性漸層repeating-linear-gradient。由於漸層的預設值為由上而下的方向，所以利用45deg的設定讓漸層旋轉45度。

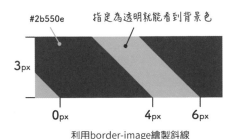

利用border-image繪製斜線

接著利用#2b550e 0, #2b550e 4px設定斜線的顏色，再利用rgba(0 0 0 / 0) 4px, rgba(0 0 0 / 0) 6px設定透明部分。利用border-width: 3px設定border的粗細，再利用border-image-slice: 3指定border的4個邊的使用範圍，最後利用border-image-repeat: round讓斜線如同磁磚般重複顯示。

4 漸層

關於我們的團隊

重點

☑ 線性漸層的標準使用方法
☑ 根據顏色可營造不同的印象,所以能創造非常實用的設計

程式碼

HTML
```html
<a href="">關於我們的團隊</a>
```

CSS
```css
a {
    display: block;
    padding: 30px 10px;
    width: 260px;
    color: #333;
    font-size: 18px;
    font-weight: 700;
```

```
    text-align: center;
    text-decoration: none;
    background-image: linear-gradient(#52a01d, #8bd05a); /*線性漸層*/
    border-radius: 20px;
}
```

解說

漸層按鈕可利用配色賦予按鈕截然不同的印象。雖然得根據設計需求調整配色,卻能創造與眾不同的設計,所以很推薦使用這種設計手法。

對background使用線性漸層linear-gradient,套用漸層色。如果不另外進行設定,漸層會以由上往下的方向套用在元素,而這次的範例也使用了這個預設值。

linear-gradient(#52a01d, #8bd05a)

#52a01d

關於我們的團隊

#8bd05a

linear-gradient的預設值是
由上往下的漸層色

5 背景色與線條

重點

☑ 利用一條線就能創造引人注目的效果。這種設計很適合在應用於力求簡潔
的網站

程式碼

```
HTML
<a href="">關於我們的團隊</a>
------------------------------------------------------------------------
CSS
a {
    display: block;
    position: relative; /*偽元素的基準*/
    padding: 30px;
    width: 260px;
    color: #333;
    font-size: 18px;
```

```
    font-weight: 700;
    text-decoration: none;
    background-color: #90be70;
    border-radius: 20px;
}

a::after { /*利用偽元素植入線條*/
    content: '';
    position: absolute;
    top: 50%; /*配置在垂直居中的位置*/
    right: 0; /*配置在距離右側0px的位置*/
    transform: translateY(-50%); /*配置在垂直居中的位置*/
    width: 50px; /*線條的寬度*/
    height: 2px; /*線條的高度*/
    background-color: #2b550e;
}
```

解 說

這次利用背景與線條組成的極簡風按鈕設計。

這次的範例利用偽元素::after植入線條。對a指定position: relative，建立基準點之後，再對a::after指定position: absolute，就能在不干擾其他元素的情況下移動線條。

利用top: 50%的設定將線條配置在距離元素上緣50%的位置，再利用right: 0的設定將線條配置在距離元素右側0px的位置。接著以transform: translateY(-50%)讓線條移動偽元素Y軸50%的距離（偽元素的高度），讓線條位於元素的右側正中處。

```
a::after {
    top: 50%;
    right: 0;
    transform: translateY(-50%);
}
```

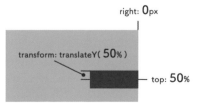

讓線條配置在元素右側中央處的程式碼

6 背景色、點與線條

── ●── 關 於 我 們 的 團 隊 ──────

重點

- ☑ 利用點與線打造獨特的按鈕設計
- ☑ 要注意的是，必須根據字數調整位置

程式碼

HTML
```
<a href=""><span>關於我們的團隊</span></a>
```

CSS
```
a {
    display: block;
    position: relative; /*偽元素的基準*/
    padding: 30px 10px;
    width: 260px;
    color: #333;
    font-size: 18px;
```

```
    font-weight: 700;
    text-align: center;
    text-decoration: none;
    background-color: #90be70;
    border-radius: 50%;
}

a span {
    position: relative; /*為了套用z-index所需的設定*/
    padding: 10px;
    background-color: #90be70;
    z-index: 1; /*文字的重疊順序*/
}

a::before { /*利用偽元素植入線條*/
    content: '';
    position: absolute;
    top: 50%; /*配置在元素的垂直居中處*/
    right: 0; /*配置在距離元素右側0px的位置*/
    transform: translateY(-50%); /*配置在元素的垂直居中處*/
    width: 90%; /*將線條的寬度指定為整體的90%*/
    height: 2px;
    background-color: #2b550e;
}

a::after { /*利用偽元素植入點*/
    content: '';
    position: absolute;
    top: 50%; /*配置在元素的垂直居中處*/
    right: 90%; /*根據線條的寬度設定點的X軸位置*/
    transform: translateY(-50%); /*配置在元素的垂直居中處*/
    width: 10px;
    height: 10px;
    background-color: #2b550e;
    border-radius: 10px;
}
```

這是在背景色配置點與線條的簡潔按鈕設計。線條與點都是利用偽元素植入。

第一步要先建立植入兩個偽元素的基準點，所以對a指定position: relative。

線條的部分是以偽元素::before植入，並且在指定為position: absolute之後，以top: 50%、right: 0、transform: translateY(-50%)這幾個設定將線條配置在右側中央處的位置。線條的寬度指定為2px，長度則指定為整個元素的90%，將背景色指定為background-color: #2b550e，就能讓線條套用顏色。

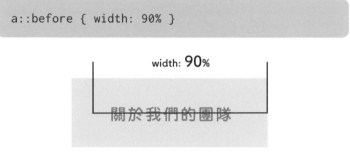

將線條寬度指定為元素的90%

點的部分是以偽元素::after植入，一樣是先指定position: absolute，再利用top: 50%、transform: translateY(-50%)的設定，配置在垂直中央處。由於這次要將點配置在線條的左端，所以將X軸的位置設定為right: 90%，與線條的長度相等。

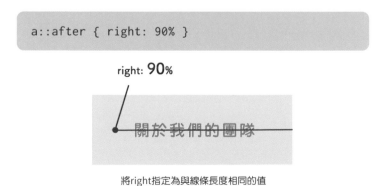

將right指定為與線條長度相同的值

寬與高的大小都指定為10px，再利用background-color: #2b550e指定背景色，即可植入點。

不過，如果不做任何設定，線條會一直壓在文字上面，而偽元素::before與::after都位於父元素的上層，所以得利用span括住文字，讓文字位於最上層。

這次的範例利用z-index: 1讓文字位於線條上層。z-index屬性是position屬性，所以若不是指定了static以外的元素，這個屬性就無法啟用，所以範例才會連帶使用position: relative這個設定。

此外，為了隱藏線條，對span指定了與父元素相同背景色的background-color: #90be70。為了在線條與文字之間插入空隙，所以利用padding調整空隙。

```
a span { background-color: #90be70 }
```

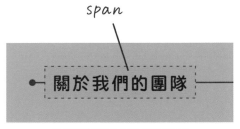

為了隱藏線條而以設定與父元素
相同背景色的span括住文字

如果字數太多，點有可能會被遮住，所以請利用a { width: 260px }調整按鈕大小。

7 背景色與簡易箭頭

關於我們的團隊

重點

☑ 這是利用簡潔有力的箭頭打造的標準按鈕設計

☑ 由於是利用偽元素植入箭頭,所以不需要使用圖片

程式碼

HTML

```
<a href="">關於我們的團隊</a>
```

CSS

```
a {
    display: flex; /*讓文字與簡易箭頭水平並列*/
    justify-content: space-between; /*將文字與簡易箭頭配置在左右兩側*/
    align-items: center; /*將文字與簡易箭頭配置在垂直居中處*/
    padding: 30px;
    width: 260px;
    color: #333;
```

Web Design Idea Recipe

```
    font-size: 18px;
    font-weight: 700;
    text-decoration: none;
    background-color: #90be70;
    border-radius: 40px;
}

a::after { /*利用偽元素植入簡易箭頭*/
    content: '';
    width: 10px;
    height: 10px;
    border-top: 2px solid #2b550e; /*簡易箭頭的其中一條線*/
    border-right: 2px solid #2b550e; /*簡易箭頭的另一條線*/
    transform: rotate(45deg); /*讓簡易箭頭旋轉45度，看起來才像是箭頭*/
}
```

解說

這是讓文字與箭頭並列的簡易版按鈕設計。這項設計是利用Flexbox完成。

箭頭的部分是以偽元素::after植入。將偽元素的寬與高（width與height）都設定為
10px，再對border的top與right設定2px solid #2b550e，就能得到下圖的結果。

```
a::after {
    border-top: 2px solid #2b550e;
    border-right: 2px solid #2b550e;
}
```

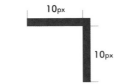

對偽元素指定元素的大小與border

→ 接續下一頁

45deg

接著利用trnasform: rotate(45deg)讓偽元素旋轉45度，箭頭就完成了。

設定位置的方法有很多，而範例使用了Flexbox設定。一開始先利用justify-content: space-between將文字與箭頭配置在元素兩端，再利用align-items: center配置在元素的垂直居中處。

```
a {
    justify-content: space-between;
    align-items: center;
}
```

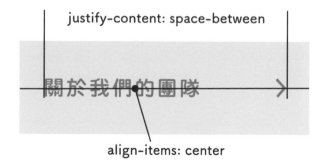

利用Flexbox配置文字與箭頭

利用padding: 30px在按鈕的左右兩端植入空隙。這部分可依照設計需求調整。

Web Design Idea Recipe

8 圓形背景中的背景色與簡易箭頭

關 於 我 們 的 團 隊

重點

☑ 這是利用箭頭與色調、飽和度較低的圓形強調極簡質感的按鈕設計
☑ 利用偽元素植入箭頭與圓形背景，就能避免使用圖片

程式碼

`HTML`
```html
<a href="">關於我們的團隊</a>
```

`CSS`
```css
a {
    display: flex; /*讓文字與簡易箭頭水平並列*/
    justify-content: space-between; /*讓文字與簡易箭頭配置於左右兩側*/
    align-items: center; /*讓文字與簡易箭頭垂直居中對齊*/
    position: relative; /*圓形背景的位置基準點*/
    padding: 30px 43px 30px 30px;
```

→ 接續下一頁

← 銜接上一頁

```
    width: 260px;
    color: #333;
    font-size: 18px;
    font-weight: 700;
    text-decoration: none;
    background-color: #90be70;
    border-radius: 50%;
}

a::before {  /*利用偽元素植入圓形背景*/
    content: '';
    position: absolute;
    top: 50%; /*配置在垂直居中處*/
    right: 30px; /*配置在距離元素右側30px的位置*/
    transform: translateY(-50%); /*配置在垂直居中處*/
    width: 30px;
    height: 30px;
    background-color: #cae6b7;
    border-radius: 20px;
}

a::after {  /*利用偽元素植入簡易箭頭*/
    content: '';
    transform: rotate(45deg);  /*讓偽元素旋轉45度，變成簡易箭頭*/
    width: 6px;
    height: 6px;
    border-top: 2px solid #2b550e;  /*簡易箭頭的其中一條線*/
    border-right: 2px solid #2b550e;  /*簡易箭頭的另一條線*/
}
```

解說

雖然這個按鈕設計的元素都很簡單，卻融合成非常實用的效果。箭頭與圓形背景都是利用偽元素植入。

箭頭的部分是::after這個偽元素，而偽元素的大小為寬6px、高6px的正方形。由於沒有指定背景色，所以是透明的元素。對border的top與right指定2px solid #2b550e，再利用transform: rotate(45deg)讓偽元素旋轉45度，箭頭就完成了。

Web Design Idea Recipe

圓形背景是以::before植入。在設定position: absolute之後，搭配top: 50%與right: 30px、transform: translateY(-50%)，讓圓形背景配置在元素的右側垂直居中處。之所以設定right: 30px，是為了要與父元素的文字的左側空隙相同大小。

按鈕內部的空隙若是一致，
整個設計就顯得均衡

文字與箭頭是利用Flexbox配置。一開始先利用justify-content: space-between讓文字與箭頭打散在元素的兩端，再利用align-items: center讓文字與箭頭配置在元素的垂直居中處。這次是利用padding調整文字與箭頭的位置，而padding-right就必須調整成配置在圓形背景正中央的位置。

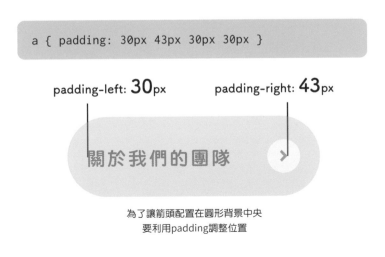

為了讓箭頭配置在圓形背景中央
要利用padding調整位置

9 背景色與箭頭

→　　　　　關於我們的團隊

重點

☑ 只要利用CSS就可完成通常會以圖片製作的箭頭圖示

程式碼

HTML
```
<a href="">關於我們的團隊</a>
```

CSS
```
a {
    display: flex; /*讓文字與簡易箭頭水平並列*/
    justify-content: space-between; /*讓文字與簡易箭頭配置在左右兩側*/
    align-items: center; /*讓文字與簡易箭頭垂直居中對齊*/
    position: relative; /*箭頭橫線的位置基準點*/
    padding: 30px;
    width: 260px;
    color: #333;
    font-size: 18px;
```

```
    font-weight: 700;
    text-decoration: none;
    background-color: #90be70;
    border-radius: 40px;
}

a::before { /*以偽元素植入簡易箭頭*/
    content: '';
    width: 12px;
    height: 12px;
    border-top: 2px solid #2b550e; /*簡易箭頭的其中一條線*/
    border-right: 2px solid #2b550e; /*簡易箭頭的另一條線*/
    transform: rotate(45deg); /*讓偽元素旋轉45度，轉成簡易箭頭*/
}

a::after { /*利用偽元素植入箭頭橫線*/
    content: '';
    position: absolute;
    top: 50%; /*配置在垂直居中處*/
    left: 30px; /*配置在距離元素左側30px的位置*/
    transform: translateY(-50%); /*配置在垂直居中處*/
    width: 15px;
    height: 2px;
    background-color: #2b550e;
}
```

解說

這個按鈕設計使用了辨識度極高的簡易箭頭打造。主要是利用兩個偽元素來表現出箭頭。

before　　　After

➔ 接續下一頁

141

← 銜接上一頁

範例將偽元素::before的width與height都指定為12px，讓偽元素成為正方形。接著分別對border的top與right指定2px soild #2b550e，再利用transform: rotate(45deg)讓偽元素旋轉45度，簡易箭頭就完成了。

偽元素::after的部分則是利用position: absolute、top: 50%、left: 30px、transform: translateY(-50%)配置在左側的垂直居中處。width: 15px、height: 2px、background-color: #2b550e則是用來繪製橫線的設定。

要注意的是，若是調整了偽元素::before的簡易箭頭的大小（width與height），就必須同時調整偽元素::after繪製的橫線的大小。

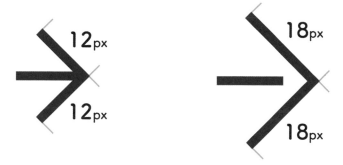

必須根據偽元素大小調整橫線的大小與位置

9-1 背景色與箭頭（外部連結）

関於我們的團隊 ↗

重點

☑ 利用偽元素繪製象徵外部連結的箭頭

程式碼

HTML
```html
<a href="">關於我們的團隊</a>
```

CSS
```css
a {
    display: flex; /*讓文字與簡易箭頭水平並列*/
    justify-content: space-between; /*讓文字與簡易箭頭配置在左右兩側*/
    align-items: center; /*讓文字與簡易箭頭垂直居中對齊*/
    position: relative; /*箭頭線條的位置基準點*/
    padding: 30px;
    width: 260px;
    font-size: 18px;
    font-weight: 700;
    text-decoration: none;
    background-color: #90be70;
    border-radius: 40px;
}
a::before { /*利用偽元素植入箭頭的斜線*/
    content: '';
```

→ 接續下一頁

← 銜接上一頁

```
    position: absolute;
    top: 50%; /*配置在垂直居中處*/
    right: 30px; /*配置在距離元素右側30px的位置*/
    transform: translateY(-50%) rotate(-45deg); /*配置在垂直居中處與旋轉
-45度*/
    width: 15px;
    height: 2px;
    background-color: #2b550e;
}

a::after { /*以偽元素植入簡易箭頭*/
    content: '';
    width: 12px;
    height: 12px;
    border-top: 2px solid #2b550e; /*簡易箭頭的其中一條線*/
    border-right: 2px solid #2b550e; /*簡易箭頭的另一條線*/
}
```

解說

這是連往外部網站的按鈕設計。這個造型簡單的按鈕是從前一節〈3.9 背景色與箭頭〉改造而來,將箭頭的位置與角度進行調整即可呈現。

箭頭的部分是使用兩個偽元素繪製,例如將偽元素::after的width與height設定為相同的值,繪製透明正方形的部分,以及將border-top與border-right設定為2px solid #2b550e,繪製簡易箭頭。這次不調整箭頭的角度,而是直接套用預設值。

文字與箭頭是利用Flexbox配置。將a指定為justify-content: space-between與align-items: center,讓文字與箭頭配置在元素的左右兩側與垂直居中之處。

偽元素::before則是以position: absolute與top: 50%、right: 30px的設定決定位置,再以width: 15px與height: 2px、background-color: #2b550e繪製直線,再利用transform: rotate(45deg)的設定旋轉45度。

10 背景色與新增視窗

關於我們的團隊

重點

✓ 這是利用偽元素呈現新增視窗圖示的按鈕設計

程式碼

`HTML`
```html
<a href="">關於我們的團隊</a>
```

`CSS`
```css
a {
    display: flex; /*讓文字與新增視窗圖示水平並列*/
    justify-content: space-between; /*讓文字與新增視窗圖示配置在左右兩側*/
    align-items: center; /*讓文字與新增視窗圖示垂直居中對齊*/
    position: relative; /*新增視窗圖示的L型線條的位置基準點*/
    padding: 30px 33px 30px 30px;
    width: 260px;
    color: #333;
    font-size: 18px;
```

→ 接續下一頁

← 銜接上一頁

```
    font-weight: 700;
    text-decoration: none;
    background-color: #90be70;
    border-radius: 40px;
}

a::before { /*以偽元素植入新增視窗的倒L型線條*/
    content: '';
    position: absolute;
    bottom: 28px;
    right: 28px;
    width: 18px;
    height: 12px;
    border-right: 2px solid #2b550e;
    border-bottom: 2px solid #2b550e;
}

a::after { /*以偽元素植入新增視窗的矩形*/
    content: '';
    width: 18px;
    height: 12px;
    border: 2px solid #2b550e;
}
```

解說

這是使用新增視窗圖示作為裝飾的按鈕設計。新增視窗圖示的部分是以偽元素繪製。

一開始先利用偽元素::after繪製矩形。利用width: 18px與height: 12px指定矩形的大小，再利用border: 2px solid #2b550e顯示框線。

配置在矩形右下角的兩條線是利用偽元素::before繪製。利用position: absolute與bottom: 28px、right: 28px配置元素，再利用width: 18px與height: 12px設定成與::after繪製的矩形相同的大小。border的right與bottom都設定為1px solid #2b550e。

Web Design Idea Recipe

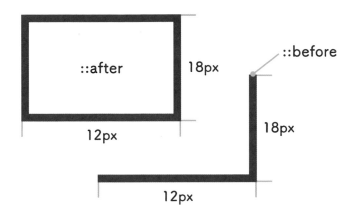

利用::before及::after呈現視窗圖示

文字與矩形皆是利用Flexbox設定位置。一開始先利用justify-content: space-between讓文字與矩形以元素的左右兩側為基準,再利用align-items: center配置在垂直居中處。

a的padding的值必須根據偽元素::before繪製的兩條線設定。這次要空出2px的空隙,所以將padding-right指定為33px。如果要調整圖示的大小,就必須利用a的padding調整這部分的空隙。

如果另外準備了新增視窗的圖片,則可以改用下方程式碼打造相同的效果。刪除a::before { }的程式碼,再將a::after { }的程式碼改寫成下列的內容。

```
a::after {
  content: '';
  width: 18px; /*根據圖片大小指定值*/
  height: 12px; /*根據圖片大小指定值*/
  background-image: url(icon.svg);
  background-size: contain;
  background-repeat: no-repeat;
}
```

11 在背景色與邊角加上三角箭頭

關於我們的團隊

重點

☑ 這是在特殊按鈕設計上加入三角箭頭的方法

程式碼

HTML
```html
<a href="">關於我們的團隊</a>
```

CSS
```css
a {
    display: block;
    position: relative; /*三角箭頭的配置基準*/
    padding: 30px;
    width: 260px;
    color: #333;
    font-size: 18px;
    font-weight: 700;
    text-decoration: none;
```

```
    background-color: #90be70;
    border-radius: 40px 40px 0 40px; /*除了右下角以外，其餘三個角都指定為圓角*/
}

a::before { /*利用偽元素植入三角箭頭*/
    content: '';
    position: absolute;
    bottom: 7px;
    right: 7px;
    width: 0; /*為了利用border植入三角箭頭，所以設定為0px*/
    height: 0; /*為了利用border植入三角箭頭，所以設定為0px*/
    border-style: solid;
    border-color: rgba(0 0 0 / 0) rgba(0 0 0 / 0) #2b550e rgba(0 0 0 / 0);
/*根據三角箭頭的方向指定顏色*/
    border-width: 0 0 14px 14px; /*根據三角箭頭的方向指定大小*/
}
```

解説

這是在有一角為直角的圓角按鈕中植入三角箭頭的按鈕設計。

只有局部不是圓角的形狀，可利用border-radius指定。a { border-radius: 40px
40px 0 40px }的簡寫程式碼可拆解成下列的內容。

・border-left-top-radius: 40px　　　・border-right-top-radius: 40px
・border-right-bottom-radius: 0px　　・border-left-bottom-radius: 40px

a { border-radius: 40px 40px 0 40px }

border-left-top:　　　　　　　　border-right-top:
40px　　　　　　　　　　　　　**40**px

關於我們的團隊

border-left-bottom:　　　　　　border-right-bottom:
40px　　　　　　　　　　　　　**0**px

border-radius的簡寫程式碼

→ 接續下一頁

要調整某個轉角的圓弧時，可直接調整該轉角的值。

三角箭頭是利用偽元素::before植入。三角箭頭的位置是由position: absolute、bottom: 7px與right: 7px設定。之所以將偽元素的width與height都設定為0px，是因為要利用border植入三角箭頭。

border-color: rgba(0 0 0 / 0) rgba(0 0 0 / 0) #2b550e rgba(0 0 0 / 0)的簡寫程式碼可拆解成下列的內容。

- border-top-color: rgba(0 0 0 / 0)
- border-right-color: rgba(0 0 0 / 0)
- border-bottom-color: #2b550e
- border-left-color: rgba(0 0 0 / 0)

```
border-color: rgba(0 0 0 / 0) rgba(0 0 0 / 0) #2b550e rgba(0 0 0 / 0)
```

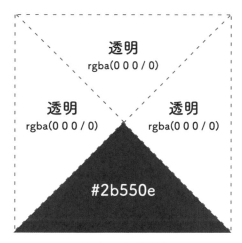

border-color的設定

由於將元素的大小設定為0px，所以指定了border就能顯示三角箭頭。範例將border-bottom-color設定為#2b550e，所以會像上圖一樣顯示出三角形。

接著利用border-width: 0 0 14px 14px設定border的寬度。若是拆解這部分的簡寫程
式碼，可得到下列的結果。

・border-top-width: 0
・border-right-width: 0
・border-bottom-width: 14px
・border-left-width: 14px

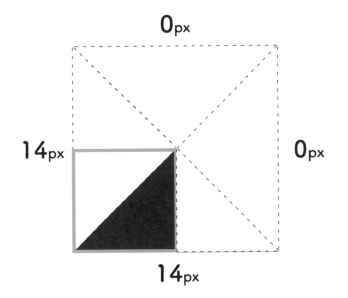

指定border-color與
border-width後的情況

由於border-top與border-right的寬度都是0，所以不會顯示。border-bottom與
border-left都指定為14px，所以只會顯示上圖中的綠框部分。如此一來就能畫出方向
為左下角的三角箭頭。

12 圓形與簡易箭頭

關於我們的團隊

重點

- ☑ 雖然使用了大尺寸的圓形，但透過色調較淺的顏色就能營造出具整體感的按鈕設計
- ☑ 預留足夠的點選區塊，讓點選變得更方便

程式碼

`HTML`
```html
<a href="">關於我們的團隊</a>
```

`CSS`
```css
a {
    display: flex; /*讓文字與簡易箭頭水平並列*/
    justify-content: space-between; /*讓文字與簡易箭頭配置在左右兩側*/
    align-items: center; /*讓文字與簡易箭頭垂直居中對齊*/
    position: relative; /*圓形的位置基準*/
    padding: 30px 39px 30px 0px;
    width: 280px;
    color: #333;
    font-size: 18px;
```

```
    font-weight: 700;
    text-decoration: none;
}

a::before { /*利用偽元素植入圓形*/
    content: '';
    position: absolute;
    top: 50%; /*配置在垂直居中處①*/
    right: 0; /*配置在距離元素右側0px的位置*/
    transform: translateY(-50%); /*配置在垂直居中處②*/
    width: 80px;
    height: 80px;
    border: 2px solid #90be70;
    border-radius: 50%;
}

a::after { /*以偽元素植入簡易箭頭*/
    content: '';
    width: 8px;
    height: 8px;
    border-top: 3px solid #2b550e; /*簡易箭頭的其中一條線*/
    border-right: 3px solid #2b550e; /*簡易箭頭的另一條線*/
    transform: rotate(45deg); /*讓偽元素旋轉45度，轉成簡易箭頭*/
}
```

解說

這是利用圓形與簡易箭頭組成的設計。由於是相當單純的設計，反而能夠提升辨識度。圓形與簡易箭頭都是利用偽元素繪製。

利用偽元素::after繪製簡易箭頭之後，將width與height都指定為8px，讓簡易箭頭的偽元素變成正方形。背景色則保留透明，再將border-top與border-right設定為3px solid #2b550e，以及利用transform: rotate(45deg)讓偽元素旋轉45度。

圓形的部分是利用偽元素::before繪製，而且仿照簡易箭頭的做法，將width與height指定相同的值，也就是80px。接著利用border: 2px solid #90be70與border-radius: 50%繪製圓形。此外，在指定為position: absolute之後，再利用top: 50%、right: 0、transform: translateY(-50%)將圓形配置在元素右側垂直居中的位置。

→ 接續下一頁

接著對a標籤指定Flexbox，設定文字與簡易箭頭的位置。justify-content: space-between的設定讓文字與簡易版箭頭分置元素左右兩側，align-items: center則讓文字與簡易箭頭配置在垂直居中的位置。

接著要利用a { padding: 30px 39px 30px 0 }的padding-right調整文字、圓形與父元素右側的距離。

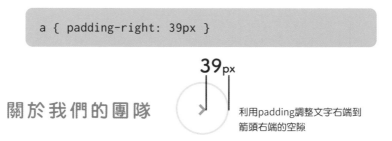

```
a { padding-right: 39px }
```

39px

關 於 我 們 的 團 隊

利用padding調整文字右端到
箭頭右端的空隙

雖然也能使用padding-right: 39px決定位置，但可點選的區域會如下圖般縮小。

可點選區域縮小

關 於 我 們 的 團 隊

只有padding-right的設定，
可點選的區域就會縮小

padding-top與padding-bottom也指定留白的話，就能預留足夠的點選區域。

```
a { padding: 30px 39px 30px 0 }
```

點選區域變寬了

關 於 我 們 的 團 隊

padding-top與padding-bottom指定留白，
使用者就更容易點選

13 扭曲的圓形與簡易箭頭

 關於我們的團隊

重點

☑ 扭曲的圓形讓整體的印象變得更可愛與柔和

程式碼

`HTML`
```html
<a href="">關於我們的團隊</a>
```

`CSS`
```css
a {
    display: flex; /*讓文字與簡易箭頭水平並列*/
    justify-content: space-between; /*讓文字與簡易箭頭配置在左右兩側*/
    align-items: center; /*讓文字與簡易箭頭垂直居中對齊*/
    position: relative; /*圓形的位置基準*/
    padding: 30px 0 30px 33px;
    width: 250px;
    color: #333;
    font-size: 18px;
    font-weight: 700;
    text-decoration: none;
```

→ 接續下一頁

← 銜接上一頁

```
    }

a::before { /*以偽元素植入簡易箭頭*/
    content: '';
    transform: rotate(45deg); /*讓偽元素旋轉45度，轉成簡易箭頭*/
    width: 8px;
    height: 8px;
    border-top: 3px solid #2b550e; /*簡易箭頭的其中一條線*/
    border-right: 3px solid #2b550e; /*簡易箭頭的另一條線*/
}

a::after { /*利用偽元素植入扭曲的圓形*/
    content: '';
    position: absolute;
    top: 50%;
    left: 0;
    transform: translateY(-50%);
    width: 80px;
    height: 80px;
    background-color: rgba(0 0 0 / 0);
    border: 2px solid #90be70;
    border-radius: 40% 60% 60% 40% / 40% 40% 60% 60%; /*利用border-
radius繪製扭曲的圓形*/
}
```

解說

這是利用扭曲的圓形突顯個性的設計，也是與簡易箭頭一同營造可愛感的按鈕設計。
扭曲的圓形與箭頭都是利用偽元素植入。

一開始先利用偽元素::before繪製簡易箭頭。偽元素的高與寬（height與width）的值
都指定為8px，建立正方形的偽元素。

讓背景色保持為透明，接著對border-top、border-right指定3px solid #2b550e，
再利用transform: rotate(45deg)讓偽元素旋轉45度，藉此完成簡易箭頭。

接著利用偽元素::after繪製扭曲的圓形。為了讓圓形位於父元素的左側垂直居中處，使用了position: absolute、top: 50%、left: 0與transform: translateY(-50%)的設定。

將寬度width與高度height都設定為80px，再利用border: 2px solid #90be70繪製正圓形，之後再讓這個正圓形扭曲。

border-radius: 40% 60% 60% 40% / 40% 40% 60% 60%

讓我們試著分解上述這段簡寫程式碼。

・border-top-left-radius: 40% 40%;
・border-top-right-radius: 60% 40%;
・border-bottom-right-radius: 60% 60%;
・border-bottom-left-radius: 40% 60%;

在此以border-top-right-radius為例說明。這是指定圓形右上角圓角的屬性，而border-top-right-radius: 60% 40%的情況時，60%為寬度，40%為高度的部分。

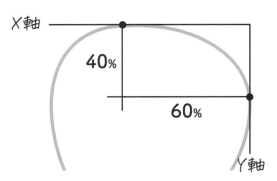

border-top-right-radius: 60% 40%

調整border-top-right-radius的
長寬值，讓圓形扭曲

→ 接續下一頁

範例是以%（百分比）為單位，但其實也能以px（像素）為單位。

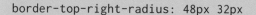

```
border-top-right-radius: 48px 32px
```

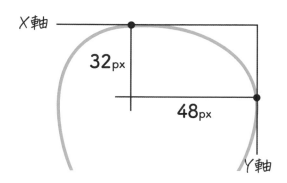

長寬為80px情況的
border-top-right-radius程式碼範例

要注意的是，在這種情況下調整圓形的大小，就必須連同border-radius的值一併調整。如果想在調整圓形之後還能保留相同的形狀，以%（百分比）為單位會比較可行。

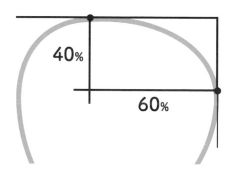

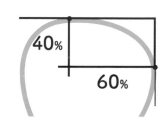

以%為單位，就能在調整圓形大小的時候維持形狀

14 壓在圓形上面的文字與簡易箭頭

重點

☑ 這是將文字壓在圓形上面，再搭配簡易箭頭的特殊按鈕設計

程式碼

`HTML`
```html
<a href=""><span>關於我們的團隊</span></a>
```

`CSS`
```css
a {
    display: flex; /*讓文字與簡易箭頭水平並列*/
    align-items: center; /*讓文字與簡易箭頭配置在垂直居中處*/
    position: relative; /*圓形的位置基準*/
    padding: 30px 0 30px 33px;
    color: #333;
    font-size: 18px;
    font-weight: 700;
    text-decoration: none;
}
```

→ 接續下一頁

← 銜接上一頁

```css
a span {
    position: relative; /*為了啟用z-index所需的設定*/
    padding: 10px;
    background-color: #fff; /*根據背景色設定*/
    z-index: 1; /*重疊順序*/
}

a::before { /*以偽元素植入簡易箭頭*/
    content: '';
    transform: rotate(45deg); /*讓偽元素旋轉45度，轉成簡易箭頭*/
    margin-right: 10px;
    width: 8px;
    height: 8px;
    border-top: 3px solid #2b550e; /*簡易箭頭的其中一條線*/
    border-right: 3px solid #2b550e; /*簡易箭頭的另一條線*/
}

a::after { /*利用偽元素植入圓形*/
    content: '';
    position: absolute;
    top: 50%; /*配置在垂直居中處*/
    left: 0;
    transform: translateY(-50%); /*配置在垂直居中處*/
    width: 80px;
    height: 80px;
    border: 2px solid #90be70;
    border-radius: 50%;
}
```

解 說

這是簡潔又醒目的按鈕設計。圓形與簡易箭頭都是用偽元素植入。

圓形的部分是以偽元素::after植入，再利用position: absolute、top: 50%、left: 0與 transform: translateY(-50%)將圓形配置在左側的垂直居中處。將width與height都 設定為80px之後，再利用border: 2px solid #90be70與border-radius: 50%轉換成 正圓形。

Web Design Idea Recipe

簡易箭頭是利用偽元素::before植入。第一步也是先以同值的width與height將偽元素設定為正方形。由於背景色background-color的預設值為透明，所以保留預設值。

對border-top與border-right設定3px solid #2b550e，以及利用transform: rotate(45deg)旋轉45度。

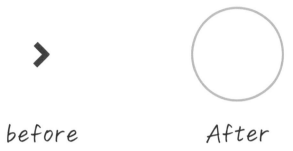

before　　　　　　　After

簡易箭頭與文字的位置都是利用Flexbox指定。align-items: center的設定讓箭頭與文字都位於垂直居中的位置。除了利用a { padding: 30px 0 30px 33px }拓寬可點選範圍，再利用padding-left調整簡易箭頭的位置。如果要調整圓形的大小，就必須連同padding的值一併調整。

```
a { padding: 30px 0 30px 33px }
```

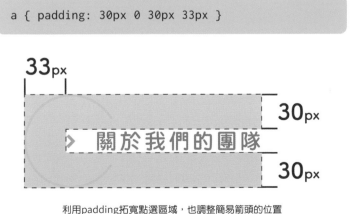

利用padding拓寬點選區域，也調整簡易箭頭的位置

→ 接續下一頁

← 銜接上一頁

此外，此時的偽元素的重疊順序位於文字的上層，所以文字會被圓形遮住。

若不指定重疊順序，文字就會被圓形遮住

所以要利用span括住文字，再設定position: relative與z-index: 1。

```
a span {
    position: relative;
    z-index: 1;
}
```

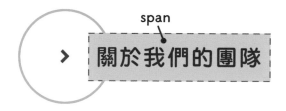

設定重疊順序，讓文字移到圓形上層

接著對span設定背景色background-cotor: #fff與padding: 10px，處理文字與文字遮住的圓形部分，提升這項設計的辨識度。

15 圓與線

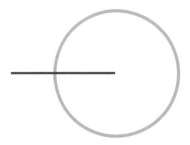

關於我們的團隊 ————

重點

☑ 近年常見的圓形與線條的按鈕設計

☑ 簡單卻醒目的可愛圖示

☑ 除了當成箭頭使用，也可以當成清單符號使用

程式碼

HTML
```html
<a href="">關於我們的團隊</a>
```

CSS
```css
a {
    display: flex; /*讓文字與線條水平並列*/
    justify-content: space-between; /*讓文字與線條配置在左右兩端*/
    align-items: center; /*讓文字與線條配置在垂直居中處*/
    position: relative; /*圓形的位置基準*/
    padding: 30px 39px 30px 0;
    width: 280px;
    color: #333;
```

→ 接續下一頁

← 銜接上一頁

```css
    font-size: 18px;
    font-weight: 700;
    text-decoration: none;
}

a::before {  /*利用偽元素植入圓形*/
    content: '';
    position: absolute;
    top: 50%; /*配置在垂直居中處*/
    right: 0; /*配置在距離元素右側0px的位置*/
    transform: translateY(-50%); /*配置在垂直居中處*/
    width: 80px;
    height: 80px;
    border: 2px solid #90be70;
    border-radius: 50%;
}

a::after {  /*以偽元素植入線條*/
    content: '';
    width: 70px;
    height: 2px;
    background-color: #2b550e;
    z-index: 1;
}
```

解說

這是利用簡單的元素營造可愛質感的按鈕設計。

以偽元素::before植入圓形。利用width: 80px與height: 80px設定為正方形,再利用border: 2px solid #90be70畫線,並以border-radius: 50%轉換成正圓形。

以position: absolute與top: 50%、right: 0、transform: translateY(-50%)將圓形的位置設定在右側垂直居中處。

線條是以偽元素::after配置,並且利用width: 70px、height: 2px、背景色background-color: #2b550e繪製。

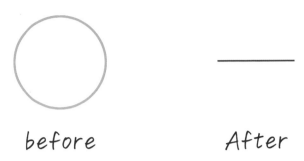

文字與線條都是利用Flexbox配置，第一步利用justify-content: space-between讓文字與線條分置於兩側，再利用align-items: center讓文字與線條位於元素的垂直居中處。

調整元素右方內側的空隙（padding-left）即可調整線條的位置。

```
a { padding: 30px 40px 30px 0 }
```

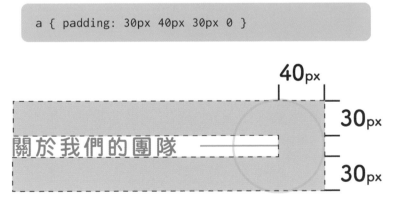

利用padding讓線條的右端位於圓形的圓心

此外，指定padding的top與bottom數值，可拓寬點選區域，也能讓使用者可容易點選。

本書在按鈕追加的圖示都是以偽元素植入，但是Google Fonts提供的圖示材質Google Fonts Icons也很適合當成圖示字型使用。

Google Fonts Icons在本書執筆之際（2022年1月）已內建了18種類別與1300種以上的圖示，數量之多，絕對足夠網站設計使用。

此外，還有「Outlined」、「Filled」、「Rounded」、「Sharp」、「Two tone」這五種樣式可以選擇，各位可依照網站的需求收集與使用。

• Outlined

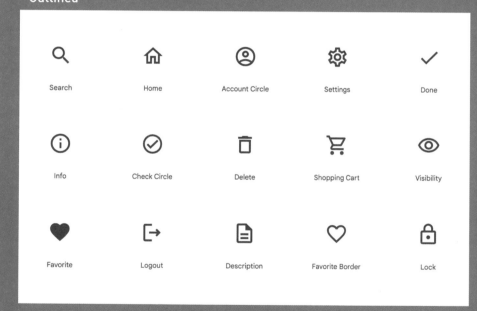

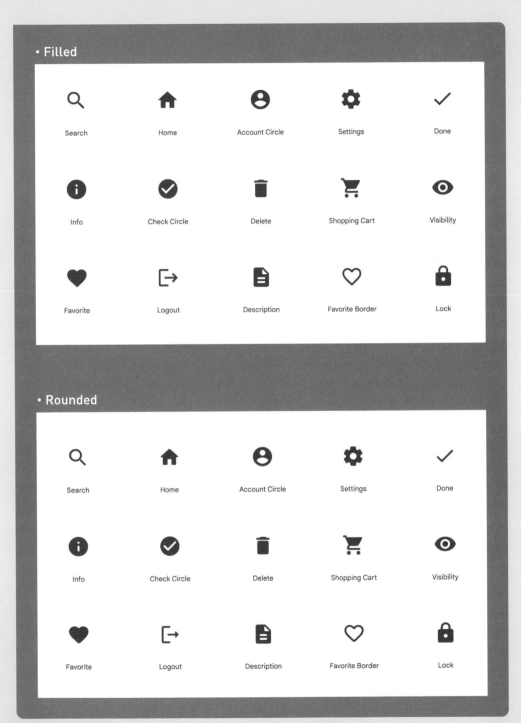

• Filled

Search	Home	Account Circle	Settings	Done
Info	Check Circle	Delete	Shopping Cart	Visibility
Favorite	Logout	Description	Favorite Border	Lock

• Rounded

Search	Home	Account Circle	Settings	Done
Info	Check Circle	Delete	Shopping Cart	Visibility
Favorite	Logout	Description	Favorite Border	Lock

接續下一頁

• Sharp

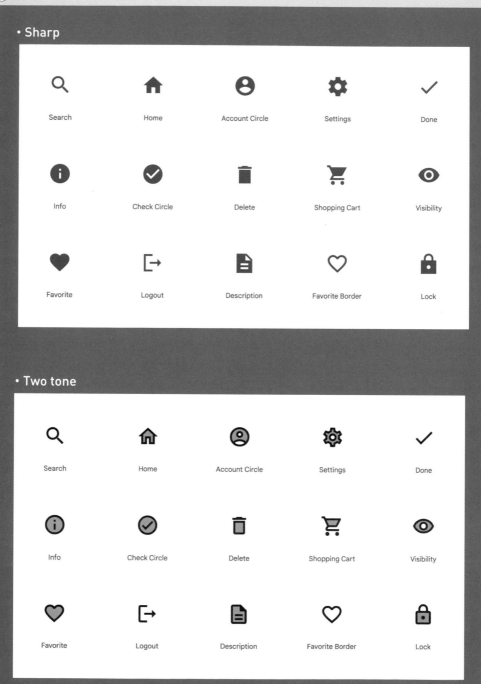

Search　　Home　　Account Circle　　Settings　　Done

Info　　Check Circle　　Delete　　Shopping Cart　　Visibility

Favorite　　Logout　　Description　　Favorite Border　　Lock

• Two tone

Search　　Home　　Account Circle　　Settings　　Done

Info　　Check Circle　　Delete　　Shopping Cart　　Visibility

Favorite　　Logout　　Description　　Favorite Border　　Lock

Google Fonts Icons的使用方法

在此介紹最簡單的使用方法，也就是透過Google Fonts使用圖示的方法。

請在HTML追加下列的程式碼，載入相關的圖示。

程式碼

```
HTML - head內
<link href="https://fonts.googleapis.com/
icon?family=Material+Icons" rel="stylesheet">
```

從Google Fonts Icons網站（https://fonts.google.com/icons）挑選圖示後，再複製HTML標籤。

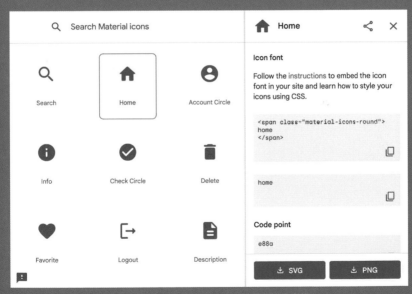

選擇圖示後，就會顯示HTML標籤這類圖示資訊

程式碼

```
放在HTML - body的任何一處
<span class="material-icons">home</span>
```

→ 接續下一頁

← 銜接上一頁

在HTML的任何一個位置植入上述的HTML標籤就能顯示圖示。

要注意的是，必須依照圖示的樣式變更載入的樣式表與HTML標籤的class名稱。

程式碼

```
<!-- Baseline -->
<link href="https://fonts.googleapis.com/
css2?family=Material+Icons" rel="stylesheet">
<span class="material-icons">home</span>

<!-- Outline -->
<link href="https://fonts.googleapis.com/css2?family=Materia
l+Icons+Outlined" rel="stylesheet">
<span class="material-icons-outlined">home</span>

<!-- Round -->
<link href="https://fonts.googleapis.com/css2?family=Materia
l+Icons+Round" rel="stylesheet">
<span class="material-icons-round">home</span>

<!-- Sharp -->
<link href="https://fonts.googleapis.com/css2?family=Materia
l+Icons+Sharp" rel="stylesheet">
<span class="material-icons-sharp">home</span>

<!-- Twotone -->
<link href="https://fonts.googleapis.com/css2?family=Materia
l+Icons+Two+Tone" rel="stylesheet">
<span class="material-icons-two-tone">home</span>
```

除了按鈕之外，這類圖示也能於內容或是導覽列使用，所以大家不妨將這類圖示當成另一個設計手法應用。

版面編排

為了提升網路內容的易讀性，就一定需要撰寫版面編排的程式碼。在此要利用簡短的程式碼撰寫常見的版面。

1 Flexbox版面編排

1-1 水平並列的版面

重點

- ☑ 子元素數量固定的水平並列版面可利用Flexbox縮短程式碼
- ☑ 可快速支援響應式設計

程式碼

```html
<div class="wrap">
   <div class="item">
      <img src="picture01.jpg" alt="在電腦前面談笑風生的照片">
      <h2>水平並列的標題</h2>
      <p>利用Flexbox打造元素水平並列的版面</p>
   </div>
   ：（後續重複）
</div>
```

```
CSS
.wrap {
    display: flex; /*水平並列*/
    justify-content: space-between; /*左右對齊*/
}

.item {
    padding: 30px;
    width: 32%;
    background-color: #d6d6d6;
    border-radius: 10px;
}
```

解說

這是卡片式介面常見的水平排列版面，而且很常利用Flexbox設定。這種卡片式介面是讓相同寬度的卡片等距配置，卡片之間的空隙當然也是等距。這種版面很常見，所以請大家務必學會這種版面編排技巧。

可利用justify-content指定子元素的水平配置方式。space-between則是以父元素的兩側為基準，等距配置元素。

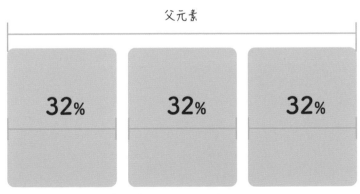

指定justify-content: space-between，
以父元素的兩側為基準，等距配置子元素

上述的程式碼可在子元素數量固定的情況使用。比方說，當子元素從三個減至兩個，子元素就會因為左右對齊的設定而被配置在左右兩側。如此一來，版面的中央就會空出一大塊空白，導致整個版面錯亂。

子元素減至兩個，版面的中央就會出現空白

此外，如果子元素減至一個，就會配置在左側。

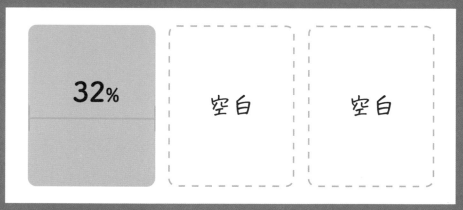

子元素減至一個就會配置在左側

如果子元素的數量固定就不會出現上述的問題，但如果子元素的數量有可能變動，就必須在調整子元素的數量之後，確認版面的編排有沒有問題。

1-2　跨行水平並列的版面

重點

☑ 利用Flexbox打造跨行水平並列版面可讓程式碼變得更簡潔

☑ 使用偽類別的margin設定邊界是非常推薦的手法

☑ 可快速支援響應式設計

程式碼

HTML

```html
<div class="wrap">
    <div class="item">
        <img src="pic01.jpg">
        <h2>水平並列的標題</h2>
        <p>利用Flexbox打造元素水平並列的版面</p>
    </div>

    <div class="item">
        <img src="pic02.jpg">
        <h2>水平並列的標題</h2>
        <p>利用Flexbox打造元素水平並列的版面</p>
    </div>

    <div class="item">
```

→ 接續下一頁

← 銜接上一頁

```
        <img src="pic03.jpg">
        <h2>水平並列的標題</h2>
        <p>利用Flexbox打造元素水平並列的版面</p>
    </div>

    <div class="item">
        <img src="pic04.jpg">
        <h2>水平並列的標題</h2>
        <p>利用Flexbox打造元素水平並列的版面</p>
    </div>
    ：（後續重複）
</div>
```

CSS
```
.wrap {
    display: flex; /*水平並列*/
    flex-wrap: wrap; /*換行*/
}


.item {
    padding: 30px;
    width: 32%;
    background-color: #d6d6d6;
    border-radius: 10px;
}


.item:not(:nth-child(3n+3)) { /*指定為倍數不為3的.item*/
    margin-right: 2%;
}


.item:nth-child(n+4) { /*指定為第4個以後的.item*/
    margin-top: 30px;
}
```

解說

這是利用Flexbox打造跨行版面的卡片設計。

讓三個子元素水平並列，以及在子元素的數量為5或7這種倍數非3的情況讓子元素靠齊父元素的左側。這是在子元素的數量會不斷增加的卡片版面設計（例如部落格報導的版面）常用的程式碼。

利用display: flex與width: 32%設定為水平並列，再利用flex-wrap: wrap讓超出父元素寬度的子元素換行排列，藉此打造跨行的版面。

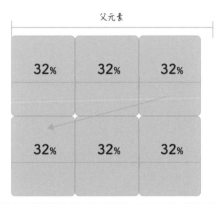

超出父元素寬度的子元素會換行，但子元素之間沒有空隙

不過，這麼一來子元素只會靠齊左側，子元素之間也不會有任何空隙，所以必須仿照範例設定邊界。

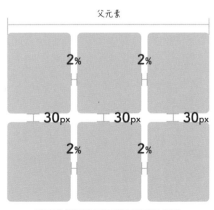

利用偽類別在子元素之間植入空隙

→ 接續下一頁

← 銜接上一頁

子元素的水平方向的邊界指定為margin-right: 2%。
:not(:nth-child(3n+3))是在子元素之中，指定為倍數為3的元素所使用的偽類別，但範例還使用了:not()這個否定偽類別，所以倍數為3以外的元素（例如第1、第2、第5個元素），都會套用margin-right: 2%這個設定。

子元素的垂直方向的邊界指定為margin-top: 30px。
利用.item:nth-child(n+4)在第4個以後的子元素套用margin-top: 30px的設定，藉此植入垂直方向的邊界。

利用gap設定空隙的方法

雖然可利用上述的方法設定空隙，但如果要支援響應式設計，讓電腦、智慧型手機與平板電腦的版面保持正常，利用上述的方法撰寫的程式碼就會變得很冗長，此時可試著利用gap簡化程式碼。

程式碼

```css
CSS
.wrap {
    display: flex; /*水平並列*/
    flex-wrap: wrap; /*換行*/
    gap: 30px; /*只在子元素之間植入空隙*/
}

.item {
    padding: 30px;
    width: calc((100% - 30px * 2) / 3); /*計算子元素寬度的算式*/
    background-color: #d6d6d6;
}
```

gap可用來指定元素之間的空隙，而且不會設定非元素之間的空隙，所以就不需要上述的偽類別程式碼。

Web Design Idea Recipe

以gap指定就只會在元素之間植入空隙

注意事項

支援gap的Safari網頁瀏覽器只有PC Safari 14.1、iOS Safari14.8以後的版本。如果不更新為2021年4月之後的網頁瀏覽器就無法使用這個語法,所以最好根據使用者的網頁瀏覽器決定使用偽類別還是gap這個語法。

1-3 全域導覽列

About	Service	Price	Contact
關於我們	**服務**	**費用**	**聯絡我們**

重點

☑ 只用兩行程式碼就能打造水平導覽列

☑ 雖然是電腦版的程式碼,但也能用在智慧型手機的兩行式導覽列

程式碼

HTML
```html
<ul>
    <li><a href=""><span>About</span>關於我們</a></li>
    <li><a href=""><span>Service</span>服務</a></li>
    <li><a href=""><span>Price</span>費用</a></li>
    <li><a href=""><span>Contact</span>聯絡我們</a></li>
</ul>
```

CSS
```css
ul {
    display: flex; /*水平並列*/
    justify-content: space-between; /*左右對齊*/
    width: 800px;
    list-style: none;
}
```

```
li {
    width: 25%;
    border-left: 1px solid #5b8f8f;
}

li:last-child {
    border-right: 1px solid #5b8f8f;
}

li a {
    display: flex;
    flex-direction: column; /*將Flex item設定成垂直排列的格式*/
    padding: 10px 0;
    color: #333;
    font-size: 18px;
    font-weight: 700;
    text-align: center;
    text-decoration: none;
    line-height: 1.6;
}

li a span {
    color: #5b8f8f;
    font-size: 13px;
}
```

解 說

這次介紹的是常配置在標題的水平導覽列，主要是以Flexbox的方式撰寫程式碼。由於智慧型手機通常會切換成漢堡選單，所以這種手法主要用來打造電腦版的版面。

以中文為主，再加上英文字母裝飾，最後再以Flexbox編排成垂直居中的格式。利用display: flex與justify-content: space-between、width: 25%的設定打造水平並列的版面。英文字母與中文是利用flex-direction: column讓子元素垂直排列，再利用text-align: center讓元素之內的文字置中對齊。

About**關於我們**　　　＞　　　About
　　　　　　　　　　　　　　關於我們

1-4　標頭編排

LOGO

Service　　Price　　　Contact
服務　　　費用　　　聯絡我們

重點

✔ 利用Flexbox打造標誌與導覽列水平並列的版面

✔ 這是很常使用的版面編排方法，請務必學起來

程式碼

HTML
```html
<div class="wrap">
    <div class="logo"><img src="logo.svg"></div>

    <ul>
        <li><a href=""><span>Service</span>服務</a></li>
        <li><a href=""><span>Price</span>費用</a></li>
        <li><a href=""><span>Contact</span>聯絡我們</a></li>
    </ul>
</div>
```

CSS
```css
.wrap {
    display: flex; /*水平並列*/
    justify-content: space-between; /*左右對齊*/
    align-items: center; /*垂直居中對齊*/
```

```
    width: 1000px; /*標頭的寬度*/
}

.logo {
    width: 200px; /*標誌的寬度*/
}

.logo img {
    display: block;
    max-width: 100%;
    height: auto;
}

ul {
    display: flex; /*水平並列*/
    justify-content: flex-end; /*讓Flex item往結尾處靠齊*/
    flex: 1; /*配置導覽列，填滿空白*/
    list-style: none;
}

li:not(:last-child) { /*指定為最後一個li以外的li*/
    margin-right: 50px;
}

li a {
    display: flex;
    flex-direction: column; /*將Flex item設定成垂直排列的格式*/
    color: #111;
    font-weight: 700;
    text-align: center;
    text-decoration: none;
    line-height: 1.6;
}

li a span {
    color: #5b8f8f;
    font-size: 13px;
}
```

這種讓標誌與導覽列水平並列的標頭版面非常常見，也能以Flexbox撰寫。

利用.logo { width: 200px }的設定固定標誌的寬度，再利用ul { flex: 1 }指定標誌以外元素（導覽列與邊界）的寬度。flex屬性是flex-grow、flex-shrink、flex-basis的簡寫程式碼。flex: 1這種只指定一個無單位的值的語法會套用flex-grow，藉此排除標誌元素的部分與延長空白的部分。

```
ul { flex: 1; }
```

在導覽列的部分指定flex: 1即可支援響應式設計

align-items: center則是讓父元素或是較大的子元素作為垂直居中基準點的設定。

```
align-items: center
```

以父元素或尺寸較大的子元素為基準點的垂直居中

此外，對ul指定justify-content: flex-end，將行末設定為對齊的基準點。

從最後一個子元素依序於行末排列

透過li:not(:last-child)這種否定偽類別排除最後的子元素，再對其他的子元素設定為margin-right: 50px，藉此植入左右兩側的邊界。

在列表元素（li）的右側植入邊界50px。只有最後一個元素沒有邊界

否定偽類別:not()是很常在設定邊界或border這類裝飾時使用的程式碼，請大家務必學起來。

1-5　麵包屑列表

Top ● **服務** ● Web製作

重點

- ✓ 讓單調的麵包屑列表改變印象的設計
- ✓ 可隨時增加項目

程式碼

HTML
```html
<ol>
    <li><a href="">Top</a></li>
    <li><a href="">服務</a></li>
    <li>Web製作</li>
</ol>
```

CSS
```css
ol {
    display: flex;
    align-items: center;
    flex-wrap: wrap;
    list-style: none;
}

li:not(:last-child) {
```

```
    margin-right: 30px;
}

li:not(:last-child):after {  /*指定為最後一個li以外的li*/
    content: '';
    display: inline-block;
    margin-left: 30px;
    width: 12px;
    height: 12px;
    background-color: #5b8f8f;
    border-radius: 50%;
}
```

解說

這是讓單調的麵包屑列表變得更活潑的設計。這種設計可利用Flexbox撰寫。

利用display: flex與align-items: center以元素的左側為基準，將元素排列成水平並列與垂直居中的格式。套用這個設定的元素除了文字（連結）還有做為間隔的圓點。

align-items: center

Top ● 服務 ● Web製作

利用align-items: center讓文字與圓點垂直居中對齊

利用li:not(:last-child) { margin-right: 30px }這種否定偽類別排除最後的子元素，再於其他的子元素設定邊界。

→ 接續下一頁

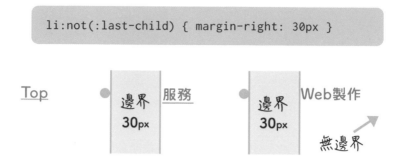

排除最後的子元素，並於其他的列表子元素（li）套用邊界的設定

利用li:not(:last-child):after {}的否定偽類別呈現圓點。display: inline-block可讓圓點與文字水平並列，li:not(:last-child):after { margin-left: 30px }則可在圓點與前一個子元素的文字之間植入邊界。

在圓點與前一個子元素的文字之間設定邊界

1-6　分頁導覽列版面

上一頁　　1　　2　　3　　4　　下一頁

重點

☑ 利用Flexbox打造圓角的可愛按鈕

☑ 可快速支援響應式設計

程式碼

`HTML`

```html
<ol>
    <li><a href="">上一頁</a></li>
    <li><span>1</span></li>
    <li><a href="">2</a></li>
    <li><a href="">3</a></li>
    <li><a href="">4</a></li>
    <li><a href="">下一頁<</a></li>
</ol>
```

`CSS`

```css
ol {
    display: flex; /*水平並列*/
    justify-content: center; /*水平居中對齊*/
    align-items: center; /*垂直居中對齊*/
    flex-wrap: wrap; /*換行的設定*/
```

→ 接續下一頁

← 銜接上一頁

```css
    list-style: none;
}

li:not(:last-child) {  /*指定為最後一個li以外的li*/
    margin-right: 10px;
}

li a {
    display: block;
    padding: 20px;
    color: #111;
    text-decoration: none;
    line-height: 1;
    background-color: #e6e6e6;
    border: 2px solid #5b8f8f;
    border-radius: 10px;
}

li span {
    display: block;
    padding: 20px;
    color: #f2f2f2;
    line-height: 1;
    background-color: #5b8f8f;
    border: 2px solid #5b8f8f;
    border-radius: 10px;
}
```

解説

這種利用圓角按鈕創造可愛氛圍的分頁導覽列版面非常單純，也很適合在智慧型手機操作。這種在貼文頁面一定要放的分頁導覽列，也可以利用Flexbox撰寫。

為了編排水平置中的版面而使用了display: flex與justify-content: center的設定。

利用justify-content: center打造水平置中的版面

為了能在頁面增加時，增加連結的數量，利用flex-wrap: wrap讓子元素超過父元素的大小就換行。

利用flex-wrap:wrap的設定讓子元素
在超過父元素的大小時換行

有些分頁導覽列不會顯示所有的連結，而是予以省略，所以建議大家先決定分頁導覽列的規格再著手設計。

這次介紹的程式碼也支援省略連結的版面

程式碼

```
HTML
<ol>
    <li><a href="">上一頁</a></li>
    <li><span>1</span></li>
    <li><a href="">2</a></li>
    <li><a href="">3</a></li>
    <li><a href="">4</a></li>
    <li>…</li>
    <li><a href="">下一頁</a></li>
</ol>
```

就算追加<li>…</li>，子元素的邊界與位置都不會改變。

1-7　水平並列內容的垂直居中對齊

垂直居中配置

讓水平並列的照片與文章垂直居中對齊。能在文章的長度較多，文章又配置在不同位置的情況下，保持版面的平衡。

重點

- ☑ 這是讓水平並列的圖片與文章垂直置中對齊的版面設計方法
- ☑ 有標題的文章是利用響應式設計調整高度，所以不需要利用padding進行細部調整

程式碼

HTML

```html
<div class="wrap">
    <div class="image">
        <img src="picture.jpg" alt="正在提案的照片">
    </div>

    <div class="text">
        <h2>垂直居中配置</h2>
        <p>讓水平並列的照片與文章垂直居中對齊。能在文章的長度較多，文章又配置在不同
位置的情況下，保持版面的平衡。</p>
    </div>
</div>
```

```
CSS
.wrap {
    display: flex; /*水平並列*/
    align-items: center; /*配置在垂直居中處*/
    width: 600px;
}

.image {
    width: 50%;
}

.text {
    padding: 0 30px; /*文字的左右兩側空隙*/
    width: 50%;
}

img {
    display: block;
    width: 100%;
    height: auto;
    border-radius: 10px;
}
```

解說

這是讓圖片與文字水平並列的版面,再利用Flexbox讓文字與照片垂直居中央對齊。

使用display: flex的設定以及對容納圖片與文字的元素指定width: 50%,讓文字與圖片水平並列。

父元素

50%

垂直居中配置

讓水平並列的照片與文章垂直居中對齊,能在文章的長度較多,文章

利用display: flex的設定,並對每個子元素指定50%,使其水平並列

→ 接續下一頁

利用align-items: center將父元素或是大型子元素的高度設定為基準,再讓元素垂直居中對齊。

利用align-items: center套用垂直居中對齊的設定

文字的左右空隙是以padding: 0 30px的部分調整,但有時也可以利用padding-left: 30px的設定,只在文字的左側插入空隙,請大家依照設計的需求使用不同的設定。

1-8 讓水平並列的第偶數個內容採用不同的格式

垂直居中配置

讓水平並列的照片與文字垂直居中對齊。

垂直居中配置

讓水平並列的照片與文字垂直居中對齊。

重點

☑ 在〈水平排列內容的垂直居中對齊〉的程式碼中追加幾行就能呈現

☑ 利用偽類別在第偶數個或第奇數個元素套用樣式的手法很常見，請大家務必學起來

程式碼

`HTML`

```html
<div class="wrap">
    <div class="image">
        <img src="picture.jpg" alt="正在討論的照片">
    </div>

    <div class="text">
        <h2>垂直居中配置</h2>
        <p>讓水平並列的照片與文字垂直居中對齊。</p>
    </div>
</div>

<div class="wrap">
    <div class="image">
        <img src="picture.jpg" alt="與會人員一起看著電腦螢幕的照片">
```

→ 接續下一頁

```
    </div>

    <div class="text">
        <h2>垂直居中配置</h2>
        <p>讓水平並列的照片與文字垂直居中對齊。</p>
    </div>
</div>
```

CSS

```css
.wrap {
    display: flex; /*水平並列*/
    align-items: center; /*配置在垂直居中處*/
    margin: 0 auto 50px;
    width: 600px;
}

.wrap:nth-child(even) { /*只套用在第偶數個元素*/
    flex-direction: row-reverse; /*調換元素的位置*/
}

.image {
    width: 50%;
}

.text {
    padding: 0 30px;
    width: 50%;
}

img {
    display: block;
    width: 100%;
    height: auto;
    border-radius: 10px;
}
```

解說

這是讓第偶數個元素的位置調換，創造視線流動的版面。利用前面介紹的〈水平排列內容的垂直居中對齊〉的手法配置多個元素時，利用Flexbox讓照片與文字位置左右互調的設計。

第一步先在前面介紹的程式碼追加程式碼。

flex-direction可指定子元素的排列方向。由於預設值是由左配置到右，所以照片會配置在左側，文字會配置在右側，因此利用flex-direction: row-reverse讓排列順序顛倒。

此外，利用:nth-child(even)這種偽類別指定在第偶數個元素套用，藉此打造奇數個元素與偶數個元素排列順序相反的版面。

```
:nth-child(even) { flex-direction: row-reverse }
```

垂直居中配置

讓水平並列的照片與文字垂直居中對齊。

第偶數個元素調轉

垂直居中配置

讓水平並列的照片與文字垂直居中對齊。

讓第偶數個的排列順序水平翻轉

1-9 表單版面

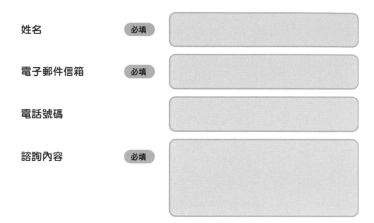

重點

- ☑ 利用Flexbox就能快速打造常見的表單版面
- ☑ 也可以因應textarea設定為多行版面的情況

程式碼

```html
HTML
<label>
    <span class="title">姓名<span class="required">必填</span></span>
    <input type="text" name="name" required>
</label>

<label>
    <span class="title">電子郵件信箱<span class="required">必填</span></span>
    <input type="email" name="email" required>
</label>

<label>
    <span class="title">電話號碼</span>
    <input type="tel" name="tel">
</label>
```

```
<label>
    <span class="title-textarea">諮詢內容<span class="required">必填</span></span>
    <textarea type="textarea" name="contact" required></textarea>
</label>
```

CSS

```
label {
    display: flex; /*水平並列*/
    align-self: center; /*垂直居中對齊*/
}

label:not(:last-child) { /*指定為最後一個label以外的label*/
    margin-bottom: 20px;
}

.title {
    display: flex; /*水平並列*/
    justify-content: space-between; /*左右對齊*/
    align-self: center; /*垂直居中對齊*/
    padding-right: 20px;
    width: 220px;
    font-weight: 700;
}

.title-textarea {
    display: flex; /*水平並列*/
    justify-content: space-between; /*左右對齊*/
    align-self: flex-start; /*以Flex item為起點對齊（靠上對齊）*/
    padding-top: 20px;
    padding-right: 20px;
    width: 220px;
    font-weight: 700;
}

.required {
    padding: 5px 10px;
    font-size: 12px;
    line-height: 1;
```

⊙ 接續下一頁

← 銜接上一頁

```
    background-color: #7fb2a1;
    border-radius: 10px;
}

input,
textarea {
    display: block;
    padding: 20px;
    flex: 1; /*指定Flex item的寬度，填滿空白*/
    background-color: #e5e5e5;
    border: 2px solid #5b8f8f;
    border-radius: 10px;
}

textarea {
    height: 200px;
}
```

解說

表單的標籤、輸入欄位與必填標籤都利用Flebox撰寫。

對label指定display: flex，讓標籤與輸入欄位水平並列，再利用align-self: center讓元素垂直居中對齊。

要注意的是，姓名、電子郵件信箱、電話號碼的輸入欄位都只有一行，所以利用align-self: center設定為垂直居中對齊不會有問題，而諮詢內容的欄位是以textarea建立，會有多行內容的問題，所以有可能無法正確地垂直居中對齊。

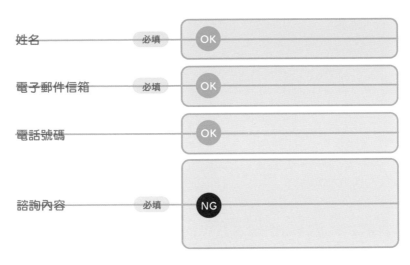

若指定為align-item: center，
諮詢內容的項目就有可能無法正確對齊

因此只有諮詢內容的標籤要以.title-textarea { align-self: flex-start }覆寫前面的對齊設定。align-self這個屬性指定給子元素之後，就能覆寫父元素的align-item的值。之後又利用.title-textarea { padding-top: 20px }在元素上方預留空隙，調整元素的位置，就能打造理想的版面。

```
.title-textarea { align-self: flex-start }
```

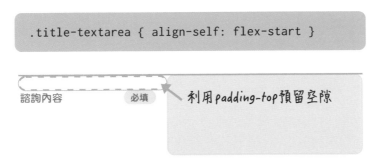

利用padding-top預留空隙

對子元素指定align-self
就能覆寫父元素的align-item

1-10　定義列表版面

公司名稱	Stock株式會社
總公司地址	東京都千代田區〇〇1丁目1234-5
電話號碼	03-1234-5678

重點

☑ 利用Flexbox打造常於公司簡介使用的版面
☑ 利用固定寬度的標題與響應式設計打造版面

程式碼

HTML
```html
<dl>
    <dt>公司名稱</dt>
    <dd>Stock株式會社</dd>
</dl>

<dl>
    <dt>總公司地址</dt>
    <dd>東京都千代田區〇〇1丁目1234-5</dd>
</dl>

<dl>
    <dt>電話號碼</dt>
    <dd>03-1234-5678</dd>
</dl>
```

CSS
```css
dl {
    display: flex; /*水平並列*/
    justify-content: space-between; /*左右對齊*/
}
```

```
dt {
    padding: 20px 30px;
    width: 230px;
    border-bottom: 2px solid #5b8f8f;
}

dd {
    padding: 20px 30px;
    width: calc(100% - 230px); /*減掉dt的寬度，並讓dd的寬度能支援響應式設計*/
    border-bottom: 2px solid #bbb;
}
```

解說

這是公司簡介這類企業資訊常見的版面，也是重視佈景主題色，又簡潔易讀的設計。
這種版面主要是使用定義標籤（dl）以及Flexbox打造。

利用display: flex讓元素水平並列，再利用justify-content: space-between讓子元素
對齊父元素的左右兩側。

利用justify-content: space-between讓子元素對齊父元素的左右兩側

利用dt { width: 230px }與dd { width: calc(100% - 230px) }的設定固定dt的寬度，
再讓dd能夠隨時調整寬度，藉此支援響應式設計。

如果希望在智慧型手機顯示的時候是垂直排列版面，可將flex-wrap: wrap指定給dl，
以及讓dt與dd都套用width: 100%的設定。

1-11 只有卡片版面的按鈕靠下對齊

有時候會希望文字的字數與行數受到水平並列的元素影響時，按鈕永遠固定在每個元素的下方。

希望對齊位置的按鈕

即使在這種情況下，也希望按鈕位於元素下方。

希望對齊位置的按鈕

重點

- ✔ 按鈕永遠固定在同樣的位置，不會受到文字字數影響
- ✔ 能統一版面，營造一致性的美感

程式碼

`HTML`
```html
<div class="wrap">
    <div class="item">
        <p>有時候會希望文字的字數與行數受到水平並列的元素影響時，按鈕永遠固定在每個
元素的下方。</p>
        <a href="">希望對齊位置的按鈕</a>
    </div>

    <div class="item">
        <p>即使在這種情況下，也希望按鈕位於元素下方。</p>
        <a href="">希望對齊位置的按鈕</a>
    </div>
</div>
```

CSS

```css
.wrap {
    display: flex; /*水平並列*/
    justify-content: space-between; /*左右對齊*/
}

.item {
    display: flex;
    flex-direction: column; /*將Flex item設定成垂直排列的格式*/
    padding: 20px;
    width: 48%;
    background-color: #d6d6d6;
    border-radius: 10px;
}

p {
    flex-grow: 1; /*根據.item的高度縮放*/
    margin-bottom: 20px;
}

a {
    display: block;
    padding: 20px 0;
    color: #111;
    font-weight: 700;
    text-align: center;
    text-decoration: none;
    background-color: #7fb2a1;
    border-radius: 10px;
}
```

這是不管文字字數有多少，按鈕永遠配置在元素下方，提升辨識度的版面。這種版面也是利用Flexbox打造。

利用display: flex讓父元素.wrap水平並列，再利用justify-content: space-between配置對齊左右兩側。

利用display: flex讓子元素（.item）暫時水平排列後，再利用flex-direction: column讓文章與按鈕垂直排列。此時按鈕還是會隨著文章的字數多寡移動位置。

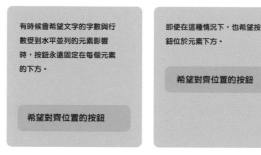

希望配置在文章下方的按鈕能夠在元素下方對齊

要讓按鈕在元素下方對齊，可對p指定flex-grow: 1。flex-grow這個屬性可在Flex容器的寬度還有空間的時候，指定該寬度的縮放率，而範例是根據元素.item的大小讓p填滿多餘的空間。

```
p { flex-grow: 1 }
```

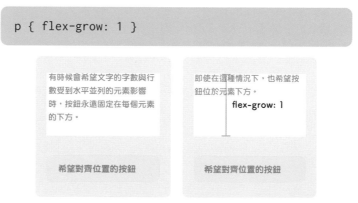

利用flex-grow: 1調整p的大小

2 只有照片是滿版配置

文字的寬度固定，但只有照片滿版配置的情
況非常常見。在過去，這種滿版版面都是
利用標記語言打造，但其實也能利用CSS
打造。能統一指定樣式這點是最方便的

重點

☑ 將焦點放在照片的版面

☑ 利用CSS配置滿版照片，就能省略多餘的HTML程式碼

程式碼

```
HTML
<div class="container">
    <div class="contents">
        <div class="image"><img src="picture.jpg" alt="一邊看智慧型手
機，一邊操作電腦的照片"></div>

        <p>文字的寬度固定，但只有照片滿版配置的情況非常常見。在過去，這種滿版版面都
是利用標記語言打造，但其實也能利用CSS打造。能統一指定樣式這點是最方便的部分。</p>
    </div>
</div>
```

→ 接續下一頁

← 銜接上一頁

```
CSS
.contents {
    margin-right: auto;
    margin-left: auto;
    width: 600px;
}

.contents p {
    margin-bottom: 50px;
}

.image {
    margin-right: calc(50% - 50vw);/*從元素寬度50%減去畫面寬度50vw的算式*/
    margin-left: calc(50% - 50vw);/*從元素寬度50%減去畫面寬度50vw的算式*/
    margin-bottom: 50px;
}

.image img {
    display: block;
    width: 100%;
    height: auto;
}

.container {
    overflow-x: hidden; /*避免水平捲動畫面*/
}
```

解說

這是將文章放在元素之中，只有照片滿版配置的版面。這種版面雖然將文章與照片放在相同的元素之中，卻能夠只調整照片的大小，所以就不需要替每個元素調整寬度。

父元素（.contents）容納了照片與文章，所以如果不做任何調整的話，照片會以600px的寬度顯示，但對照片指定calc(50% - 50vw)之後，就能滿版顯示。

這部分是計算文字外側的空隙，再讓照片放寬至該空隙的寬度，藉此忽略父元素的寬度，改以滿版的方式顯示。

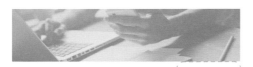

文字的寬度固定，但只有照片滿版配
置的情況非常常見。在過去，這種滿
版版面都是利用標記語言打造，但其
實也能利用CSS打造。能統一指定樣

> 這個部分
> 是透過
> calc求出

算出文字外側的空隙有多少

文章的一半寬度以50%算出，整個畫面的一半寬度以50vw算出，所以可搭配calc()算
出文章旁邊的空隙有多少。

50vw

50%

文字的寬度固定，但只有照片滿版配置的
情況非常常見。在過去，這種滿版版面都
是利用標記語言打造，但其實也能利用
CSS打造。能統一指定樣式這點是最方便

文章的一半寬度為50%，整個螢幕
的一半寬度為50vw

計算的式子請參考下方。

```
calc((50vw - 50%)* -1)
```

之所以乘以-1，是為了得到負（-）的邊界值，要利用負值讓照片往左右兩側拉寬。

假設文字的左右空隙各有200px寬，此時為了將左右的margin設定為-200px，讓圖片
的元素往左右延伸200px，所以才乘上-1，設定為負的邊界值。

為了簡化這段程式，才又改寫成calc(50% - 50vw)這種不需要乘上-1的程式碼，算出
負的邊界值。

3 Pinterest風格的卡片版面

只利用CSS打造
Pinterest風格的版面

column-count非常好用

能以簡潔程式碼完成真令人開心

不需要jQuery?喔

必須要break-inside

這真的超棒！

重點

- ✔ 只利用CSS就能打造Pinterest風格的版面
- ✔ 很適合用來編排不需重視順序的內容

程式碼

HTML

```html
<ul>
    <li>
        <img src="picture01.jpg" alt="">
        <p>只利用CSS打造Pinterest風格的版面</p>
    </li>
    <li>
        <img src="picture02.jpg" alt="">
        <p>column-count非常好用</p>
    </li>
    <li>
```

```
            <img src="picture03.jpg" alt="">
            <p>能以簡潔程式碼完成真令人開心</p>
        </li>
         ⋮
</ul>
```

`CSS`

```css
ul {
    column-count: 3; /*排列成水平三欄*/
    padding: 20px;
    list-style: none;
}

li {
    break-inside: avoid; /*禁止方框攔腰截斷*/
}

img {
    display: block;
    width: 100%;
    height: auto;
    border-radius: 30px;
}

p {
    font-size: 13px;
    text-align: center;
}
```

解說

這是讓大小不一的卡片以貼磁磚的方式配置，讓使用者能快速找到資訊的版面設計，也是Pinterest這個社群網站使用的版面。一般來說，都會利用JavaScript打造這種版面，但這次要介紹的是只利用CSS打造這種版面的方法。

column-count是以指定的欄數分割元素內容的屬性。column-count: 3可讓元素的內容於水平三欄之中排列。

→ 接續下一頁

Web Design Idea Recipe

```
ul { column-count: 3 }
```

利用column-count: 3的設定讓元素的內容於三欄之中排列

break-inside這個屬性可指定方框（li）以何種方式切割，break-inside: avoid則可避免方框被攔腰截斷。

這次的方框是圖片與說明文字的組合，所以不能如下圖讓文字於其他欄位顯示，以免圖片與說明文字無法搭配，才會需要增加break-inside: avoid的設定。

```
li { break-inside: avoid }
```

若不增加break-inside: avoid的設定，方框就會被莫名地截斷

注意事項

使用這種手法的注意事項為排列順序。column是建立段落（欄位）的程式碼，所以不是由左至右排列，而是在一定的高度之中，由上而下排列，再從左側的欄位排列至右側的欄位。

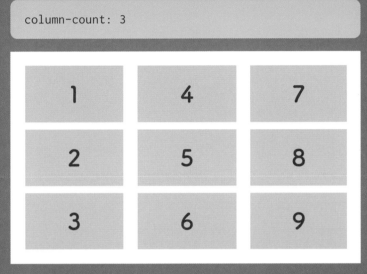

```
column-count: 3
```

利用column屬性指定時，方框的排列順序

如果必須依照時間順序排列方框，就不適合使用這種方法，而是該改以Javascript打造版面。

・參考：Masonry
https://masonry.desandro.com/

時髦的上下左右置中配置

這是讓照片或圖片配置在正中央，進一步強調的版面。一般來說，會以margin: auto或是position、transform的方法讓照片或圖片位於版面正中央，但這些做法的程式碼都很冗長。所以在此要介紹以Flexbox或Grid讓這類程式碼縮短成區區幾行的方法。

Flexbox

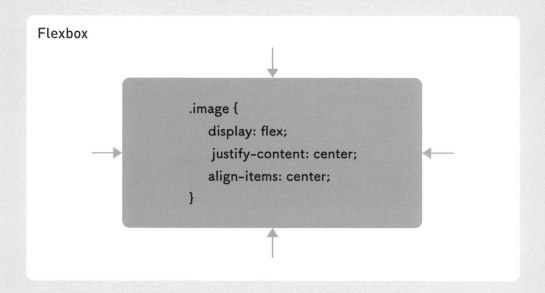

程式碼

```
HTML
<div class="image">
    <img src="flexbox.png" alt="說明利用Flexbox進行上下左右置中配置的程式
碼">
</div>
----------------------------------------------------------------------
CSS
.image {
    display: flex; /*水平並列*/
    justify-content: center; /*水平居中對齊*/
    align-items: center; /*垂直居中對齊*/
}
```

Web Design Idea Recipe

解說

若要利用Flexbox，可將justify-content與align-items指定為center，讓照片或圖片配置在版面正中央。只需要三行就能創造想要的效果。

Grid

```
.image {
    display: grid;
    place-items: center;
}
```

程 式 碼

```
HTML
<div class="image">
    <img src="grid.png" alt="說明利用Grid將圖片配置在版面正中央的程式碼">
</div>
-----------------------------------------------------------------------
CSS
.image {
    display: grid; /*將子元素轉換成格線元素*/
    place-items: center; /*置中對齊*/
}
```

解說

如果使用Grid，只需要將place-items指定為center，兩行就能創造想要的結果。

5 陽春版輪播版面

SUN　　　　　MON　　　　　TUE

重點

☑ 陽春版的輪播版面不需要使用Javascript，只需要使用CSS就能完成

☑ 也可以設定快照點，所以很實用

程式碼

`HTML`

```html
<div class="wrap">
    <div class="item">
        <img src="picture01.jpg" alt="轉向側面的女性的照片">
        <p>Sun</p>
    </div>
    <div class="item">
        <img src="picture02.jpg" alt="正在操作電腦的女性的照片">
        <p>Mon</p>
    </div>
    <div class="item">
```

```
        <img src="picture03.jpg" alt="正在確認資料的男性的照片">
        <p>Tue</p>
    </div>
     ⋮
</div>
```

CSS
```
.wrap {
    scroll-snap-type: x mandatory;  /*沿著X軸捲動，並在捲動操作結束後，與快
照點對齊*/
    margin: 0 auto;
    padding: 30px 0;
    max-width: 800px;
    white-space: nowrap;  /*禁止列方向的換行*/
    overflow-x: scroll;  /*沿著X軸方向捲動*/
}

.item {
    scroll-snap-align: center;  /*將快照點配置在正中央*/
    display: inline-block;
    margin: 0 20px;
    width: 40%;
    white-space: normal;  /*解除.wrap的white-space設定*/
    background-color: #f4f4f4;
    overflow: hidden;
}

img {
    display: block;
    width: 100%;
    height: auto;
}

p {
    margin: 0;
    padding: 20px;
    font-weight: 700;
    text-align: center;
    text-transform: uppercase;
}
```

這是讓卡片水平捲動，在有限的空間之內顯示多張圖片的輪播版面。如果需要更複雜的功能必須改以Javascript撰寫，但如果只需要陽春版的功能，單單使用CSS撰寫即可。

利用.item { display: inline-block }讓子元素水平並列。

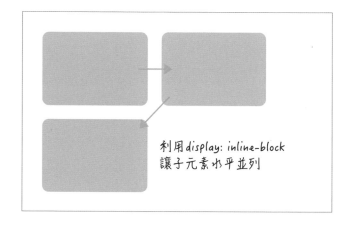

利用display: inline-block
讓子元素水平並列

利用.wrap { white-space: nowrap }禁止列方向的換行。

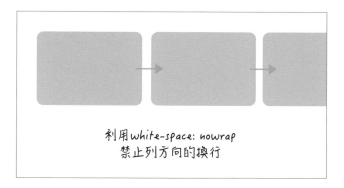

利用white-space: nowrap
禁止列方向的換行

利用.wrap { overflow-x: scroll }讓超過父元素的子元素可以捲動。

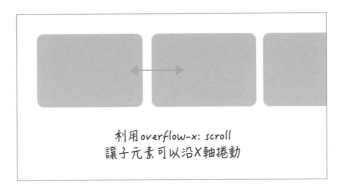

利用scroll-snap-type設定快照方向。設定為scroll-snap-type: x mandatory的時候，捲動容器的軸為水平（x軸），能與快照位置對齊。使用mandatory能在未捲動圖片時，讓圖片與快照點貼合（對齊）。

利用scroll-snap-align: center將圖片的快照停留位置設定在正中央。

```
.wrap { scroll-snap-type: x mandatory }
.item { scroll-snap-align: center }
```

捲動後停留在子元素的正中央

此外，這次利用.wrap { white-space: nowrap }讓父元素不會換行，所以利用.item { white-space: normal }讓子元素換行。

陽春版折疊式選單

只憑HTML就能寫出折疊式選單嗎？ +

只憑HTML就能寫出折疊式選單嗎？ ✕

是的。如果是陽春版的折疊式選單，只需要使用details與
summary標籤就能完成。

只憑HTML就能寫出折疊式選單嗎？ +

重點

☑ 只使用HTML的程式碼就能寫出陽春版折疊式選單

☑ 可以寫出特效，所以能創造更舒適的操作感

程式碼

HTML
```
<details>
    <summary>只憑HTML就能寫出折疊式選單嗎？</summary>
    <div class="answer">
        <p>是的。如果是陽春版的折疊式選單，只需要使用details與summary標籤就能完
成。</p>
    </div>
</details>
    ：（以下重複）
```

```
CSS
details {
    margin: 0 auto 10px;
    width: 580px;
}

summary {
    display: flex; /*讓題目與加號水平並列，以及重設預設值的三角箭頭*/
    justify-content: space-between; /*配置於左右兩側*/
    align-items: center; /*配置在垂直居中處*/
    padding: 20px 30px; font-size: 18px;
    background-color: #d6d6d6;
    border-radius: 10px;
    cursor: pointer; /*於滑鼠游標移入時顯示pointer*/
}

summary::-webkit-details-marker { /*重設Webkit網頁瀏覽器的三角箭頭*/
    display: none;
}

summary:hover,
details[open] summary { /*滑鼠游標移入題目與選單展開之後的顯示方式*/
    background-color: #bbb;
}

summary::after { /*利用偽元素指定加號*/
    content: '+';
    margin-left: 30px;
    color: #5b8f8f;
    font-size: 21px;
    transition: transform .5s; /*指定選單展開時的特效*/
}

details[open] summary::after { /*指定加號展開之後的顯示方式*/
    transform: rotate(45deg); /*旋轉45度*/
}

.answer {
    padding: 20px;
    line-height: 1.6;
}
```

→ 接續下一頁

← 銜接上一頁

```
details[open] .answer {
    animation: fadein .5s ease; /*指定展開後的特效*/
}

@keyframes fadein { /*讓不透明度從0增加至1,套用淡入特效*/
    0% { opacity: 0; }
    100% { opacity: 1; }
}
```

解說

這是利用HTML與CSS特效打造的折疊式選單,而這種選單很常用來製作提問的網頁。如果只需要簡易的功能,就不需要使用JavaScript。

第一步要先重設預設的樣式。

▶只憑HTML就能寫出折疊式選單嗎?

▼只憑HTML就能寫出折疊式選單嗎?
是的。如果是陽春版的折疊式選單,只需要使用details與summary
標籤就能完成。

有三角箭頭的陽春設計

在網頁瀏覽器的預設值之中,有自動在summary標籤套用三角箭頭的CSS程式碼,如下所示。

```
details > summary:first-of-type {
    display: list-item;
    counter-increment: list-item 0;
    list-style: inside disclosure-closed;
}
```

其中是以display: list-item設定列表項目。此外,list-style: inside disclosure-closed則是details標籤這個開合小工具折疊時的符號。順帶一提,這個開合小工具展開時,就會變成disclosure-open。

從上述的程式碼可以發現，summary的部分是因為list-style屬性而顯示了三角箭頭，所以只要將這個屬性設定為list-style: none，或是將display屬性設定為list-item以外的值，就能讓三角箭頭隱藏。這個範例則是指定為display: flex。

不過，Chrome、Safari與Edge不支援這種語法。Webkit系列的網頁瀏覽器的預設值是下列的程式碼。

```
summary {
    display: block;
}
```

由於指定的是display: block而不是display: list-item，所以若是採用上述的方法，就不需要重設樣式。

使用-webkit-前綴以及偽元素::-webkit-details-marker，就可以隱藏三角箭頭這個符號。

```
summary::-webkit-details-marker {
    display: none;
}
```

如此一來，details與summary標籤就轉換成無樣式狀態，也就能重新套用樣式。

題目的部分是以summary括住。為了讓summary之內的文章與加號水平並列，使用了display: flex的設定。接著利用justify-content: space-between讓文章與加號分別配置在左右兩側，再利用align-items: center讓這兩個元素垂直居中對齊。

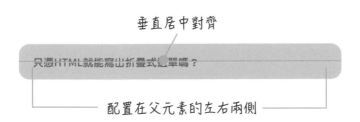

垂直居中對齊

只憑HTML就能寫出折疊式選單嗎？

配置在父元素的左右兩側

➜ 接續下一頁

在智慧型手機瀏覽的時候不需要滑鼠游標，但在電腦瀏覽的時候會使用滑鼠游標，所以使用了cursor: pointer，讓滑鼠游標移入題目的時候，切換滑鼠游標的狀態。

接著，利用視覺效果讓使用者知道滑鼠游標移入題目時元素會展開。此外，為了區分展開與未展開的元素，對summary: hover與details[open] summary指定了background-color: #bbb，套用不同的背景色。

為與展開前的元素區分
在展開式滑鼠游標移入時加入變化

加號是利用偽元素::after植入。為了讓加號與題目之間保持距離，使用了margin-left: 30px的設定。此外，為了利用加號提醒使用者元素已經展開，所以對details[open] summary::after指定transform: rotate(45deg)，讓加號在元素展開之後旋轉45度。

為了顯示元素已經展開，
讓加號旋轉45度

為了在顯示答案時套用特效，而對details[open] .answer指定animation: fadein .5s ease。在@keyframes fadein之內指定0% { opacity: 0 }與100% { opacity: 1 }，可讓不透明度在0.5秒之內從0遞增至1，如此一來就能讓答案套用淡入特效。

專欄「Google Map 的響應式設計」

這是在網站嵌入Google Map時的響應式設計。這種設計手法能讓Google Map在任何的螢幕大小保持長寬比，不至於變形。

程式碼

```
共通的HTML
<div class="map">
    <iframe src="https://www.google.com/maps/embed?pb=!1m18!1
m12!1m3!1d3241.7479754683745!2d139.7432442152582!3d35.658580
48019946!2m3!1f0!2f0!3f0!3m2!1i1024!2i768!4f13.1!3m3!1m2!1s0
x60188bbd9009ec09%3A0x481a93f0d2a409dd!2z5p2x5Lqs44K_44Ov44O
8!5e0!3m2!1sja!2sjp!4v1637808312024!5m2!1sja!2sjp"
width="600" height="450" style="border:0;" allowfullscreen=""
loading="lazy"></iframe>
</div>
```

利用aspect-ratio屬性撰寫

只要使用aspect-ratio屬性，就能利用短短幾行程式碼寫出維持長寬比的效果。

程式碼

```
CSS
.map {
    aspect-ratio: 16/9;
}

.map iframe {
    width: 100%;
    height: 100%;
}
```

在Google Map提供的iframe標籤指定width: 100%與height: 100%。在容納iframe標籤的父元素（.map）以aspect-ratio指定長寬比，就能維持Google Map的長寬比，讓Google Map在任何裝置正常顯示。

→ 接續下一頁

← 銜接上一頁

雖然只需要幾行的程式碼即可完成，但問題在於支援aspect-ratio屬性的網頁瀏覽器。電腦版與智慧型手機版的Safari是在2021年4月同時支援這項屬性，所以若是還沒替Safari升級的使用者，就無法正常顯示這個屬性的設定。

因此，利用下列的程式碼因應現況才是最佳策略。

讓舊版網頁瀏覽器也能支援的程式碼

```css
CSS
.map {
    position: relative;
    padding-top: 56.25%; /*16:9=100:x*/
    width: 100%;
    height: 0;
}

.map iframe {
    position: absolute;
    top: 0;
    left: 0;
    width: 100%;
    height: 100%;
}
```

指定長寬比的部分是父元素（.map）的padding-top。將這個值指定為%，就能參照設定為100%的width。

以這次設定為16:9的情況而言，算式會是16:9=100:x，此時可利用下列的公式得出x。

$$9（height的比率）÷16（width的比率）×100=56.25\%$$

- 4:3的情況　　　　　3÷4×100=75%
- 3:2的情況　　　　　2÷3×100=66.666%
- 2.35:1的情況　　　1÷2.35×100=42.5531%
- 1.414:1的情況　　1÷1.414×100=70.7213%
- 1.618:1的情況　　1÷1.618×100=61.8046%

聯絡我們表單

通常在討論設計的時候，大部分的人都會從視覺效果的角度討論，但其實從UI的角度討論也很重要。在此要以聯絡我們頁面為例，介紹撰寫表單的重點，讓使用者能更輕鬆地使用表單。

1 限定聯絡之際的必要項目

請隨時反問自己「這個項目真的有必要填寫嗎？」在顧客聯絡我們的時候，到底需要哪些資訊？不能在後續的討論再問電話號碼與地址嗎？有時候問了客戶之後才會發現，有些項目真的不那麼必要。

姓名	
拼音	
電子郵件信箱	
電話號碼	
地址	

「這項目真的有必要嗎？」的反思非常重要

排除多餘的項目，只留下真正需要的資訊，使用者才能快速填寫表單。

姓名	
拼音	
電子郵件信箱	

電話號碼與地址可在聯絡之後再問

如果是要郵寄資料的資料索取表單，那當然需要詢問地址。不過，若只是聯絡我們表單，有時候是不需要地址的，所以可討論看看是否要刪除。一邊與客戶討論，一邊思考要刪除哪些項目，盡力為使用者省去更多麻煩吧。

2 讓輸入欄位的數量減至最低

偶爾會發現電子郵件信箱的輸入欄位被「@」（at）分成前後兩個欄位，但如果為了使用者著想，就不應該分成兩個欄位。

電子郵件信箱

| mailaddress | **@** | gmail.com |

使用者得從第一個欄位移動到第二個欄位

電子郵件信箱

| mailaddress@gmail.com |

讓使用者輸入@（at符號）比較方便

比起輸入@（at符號），更多人覺得在輸入欄位之間移動很麻煩，如果有非得分割成兩個欄位的理由，那當然無可厚非，但如果沒有這類條件的限制，不妨讓電子郵件信箱的欄位保持單一欄位的形式吧。

3 根據內容拆解輸入欄位

3-1 姓名

過去認為姓名欄位不要分成兩個欄位比較好。

姓名

> 懸允彪

省去在欄位之間移動的麻煩

不過,有些人的姓氏和名字難以區分,或是包含了很難懂的漢字,所以有時候將姓氏與名字分成不同的欄位會是比較好的方式。

姓名

> 懸   允彪

就算有很難閱讀的漢字,也能減少弄錯名字的風險

在聯絡過程中,讀錯名字往往會衍生許多問題。既然一定要取得正確的姓名資訊,那麼就算得麻煩使用者在欄位之間移動,也應該將姓與名分成兩個欄位,才能減少弄錯姓名的風險。對大部分的日本人來說,這種UI應該會比較實用。

不過，這種介面對有中間名的使用者來說就很麻煩，因為看到分割成兩個欄位的介面，會讓這些使用者不知道該怎麼輸入。所以有些網站會為了外國人或是混血兒追加中間名的欄位。

姓名

Peter	Jean	Hernández

如果是語言學校的網站，就有必要增設中間名的欄位

此時或許可採用單一欄位的設計。

姓名

Peter Jean Hernández

也有必要針對網站的目標族群將輸入欄位整合成單一欄位

姓名的輸入欄位最好先與客戶討論，再針對網站的目標族群決定形式。

3-2　地址

在智慧型手機輸入含有大樓名稱地址時，如果地址欄位只有一個，有可能無法完整顯示地址。如果是在電腦輸入的話，或許還能利用方向鍵操作，但如果是在智慧型手機輸入的話，就得將游標移動到要修正的位置，實在是很不方便。

地址

都港區芝公園4丁目2-8東京芝公園前大樓A112

地址太長就無法完整顯示，要修正也很困難

如果地址欄位能分成「路街名稱」以及「建築物名稱」這類文字欄位，就會比較方便輸入。

地址

東京都港區芝公園4丁目2-8

建築物名稱

東京芝公園前大樓A112

就算是在智慧型手機輸入，也能快速確認輸入的內容

4 讓標籤與輸入欄位垂直排列

一般認為，表單的標籤（輸入欄位名稱）與輸入欄位呈垂直排列比較好，但我在電腦填寫的時候，不會特別覺得不方便，而且就算是水平排列的格式，填寫的完成率應該也不會有太明顯的差異。

不過，若換成在智慧型手機上填寫就不一樣了。假設是螢幕比較小的智慧型手機，水平並列的輸入欄位就會變得很窄。前一節〈根據內容拆解輸入欄位〉也提過，如果是地址這類字數較多的輸入欄位，盡可能讓寬度拉到最寬才方便輸入。

地址　　　　　公園4丁目2-8東京芝公園前大樓A112

地址有可能無法完整顯示

如果是智慧型手機的版本，建議將標籤與輸入欄位改成垂直排列的形式，讓地址分成兩個欄位輸入。

地址

東京都港區芝公園4丁目2-8

建築物名稱

東京芝公園前大樓A112

智慧型手機的版型最好垂直排列讓輸入欄位變寬較方便

5 依照方便輸入的順序 排列與分類欄位

再也沒有比輸入內容缺乏一致性，看起來雜亂無章的表單還難輸入的表單了。假設將表單做成下圖這種公司資訊與負責人資訊混雜的形式，使用者恐怕很難一眼看出到底該輸入哪些資訊才對。

貴公司名稱

負責人姓名

電子郵件信箱

貴公司電話

負責人電話

貴公司地址

負責人資訊與公司資訊混雜

要解決這種資訊混雜的問題，可替表單的輸入內容分類。比方說，下圖這種將負責人資訊與公司資訊分成兩組的表單，使用者就比較容易了解表單的構造，也比較知道該輸入哪些資料。

負責人姓名

電子郵件信箱

負責人電話

貴公司名稱

貴公司電話

貴公司地址

將負責人資訊與公司資訊分成兩組會比較方便輸入

6 根據郵遞區號自動輸入地址

地址是得花時間輸入的資訊，所以郵遞區號到地址這段內容若能自動輸入，對使用者來說，絕對是非常貼心的表單設計。

郵遞區號

〒 105-0011 根據郵遞區號輸入地址

住址

東京都港區芝公園

建築物名稱

只輸入郵遞區號就能自動輸入對應的地址

要根據郵遞區號自動輸入地址可使用YubinBango.js這個JavaScript函式庫（※編按：YubinBango.js僅能對應日本地址）。載入YubinBango函式庫，再將專用的屬性指定給input的class屬性即可使用這項功能。

YubinBango.js
參考URL：https://yubinbango.github.io/

→ 接續下一頁

← 銜接上一頁

程式碼

HTML

```html
<form class="h-adr">
  <span class="p-country-name">Japan</span>
  〒<input type="text" class="p-postal-code" size="8"
maxlength="8">
  都道府縣:
  <input type="text" class="p-region">
  地址:
  <input type="text" class="p-locality p-street-address
p-extended-address">
</form>
```

YubinBango專用屬性

屬性	內容
h-adr	跳出率、離開率
p-region	都道府縣
p-locality	市區町村
p-street-address	町域
p-extended-address	上述行政區域之後的地址

雖然可利用後面介紹的表單自動填寫（自動完成）功能輸入地址，但使用者若未設定地址，就無法使用這項功能，所以建議大家使用這個函式庫，提供相關的功能。

7 表單自動填寫功能

指定HTML的autocomplete屬性，就能使用自動填寫功能，填寫於網頁瀏覽器設定的資訊。

電子郵件信箱

mailaddress@gmail.com

程式碼

```HTML
<input type="email" name="email" autocomplete="email">
```

在autocomplete="email"的email根據輸入內容撰寫autocomplete屬性的值。

autocomplete屬性的值

值	內容
name	姓名
family-name	姓 (last name)
given-name	名 (first name)
nickname	暱稱
postal-code	郵遞區號
address-level1	都道府縣名稱
address-level2	市區町村名稱
address-level3	接在 address-level2 之後的町名
address-level4	接在 address-level3 之後的地址

→ 接續下一頁

← 銜接上一頁

autocomplete屬性的值（接續）

值	內容
organization	企業、團體、組織的名稱
organization-title	組織內部的頭銜、職稱
bday	出生年月日
bd-year	出生年月日的年
bday-month	出生年月日的月
bday-day	出生年月日的日
email	電子郵件信箱
tel	電話號碼
tel-national	沒有國碼的電話號碼
tel-area-code	市外區碼
tel-local	沒有國碼與市外區碼的電話號碼
tel-extension	內線號碼
url	網站的 URL
photo	圖片 URL

不過，Google Chrome與Safari的自動填寫功能不一定會填寫一樣的資訊，也有可能在沒有正確撰寫name屬性的時候，無法啟用自動填寫功能，所以得依照網站的建置內容確認是否能正確使用自動填寫功能。

8　依照輸入的內容指定type屬性

根據輸入的內容指定input的type屬性，就能切換成適當的智慧型手機鍵盤，讓使用者更方便輸入內容。

電話號碼
type="tel"

URL
type="url"

年月
type="month"

時間
type="time"

→ 接續下一頁

年月日
type="date"

日期與時間
type="datetime-local"

色彩
type="color"

9 打造在智慧型手機上也容易點擊的設計

如果要在智慧型手機使用網頁瀏覽器預設的單選按鈕或是勾選方塊，通常會因為可點擊的範圍太小而不易點擊，會讓使用者一直擔心自己不小心按錯。

聯絡事項種類

● 索取資料
○ 聯絡我們
○ 應徵工作

您使用的網頁瀏覽器

☑ Chrome ☐ Firefox ☐ Safari
☐ Edge ☑ Opera ☐ 其他

可點擊的範圍太小會容易按錯

將可點擊的區域放大就會比較容易操作。文字部分也是點擊區域，所以可利用padding放大文字的部分。

聯絡事項種類

● 索取資料

○ 聯絡我們

○ 應徵工作

您使用的網頁瀏覽器

✓ Chrome ☐ Firefox

☐ Safari ☐ Edge

✓ Opera ☐ 其他

加上背景色之後，就能更快知道哪些部分是可點擊區塊。如果能讓單選按鈕與勾選方塊的ON／OFF套用不同的樣式，整個介面就會變得更容易操作。

```
HTML
<form>
    <h2>聯絡事項種類</h2>
    <div class="radio__list">
        <label class="radio__item">
            <input type="radio" name="radio-item" class="form__input" checked>
            <span class="radio__label">索取資料</span>
        </label>
        <label class="radio__item">
            <input type="radio" name="radio-item" class="form__input">
            <span class="radio__label">聯絡我們</span>
        </label>
        <label class="radio__item">
            <input type="radio" name="radio-item" class="form__input">
            <span class="radio__label">應徵工作</span>
        </label>
    </div>

    <h2>您使用的網頁瀏覽器</h2>
    <div class="checkbox__list">
        <label class="checkbox__item">
            <input type="checkbox" name="checkbox-item" class="form__input">
            <span class="checkbox__label">Chrome</span>
        </label>
        <label class="checkbox__item">
            <input type="checkbox" name="checkbox-item" class="form__input">
            <span class="checkbox__label">Firefox</span>
        </label>
        <label class="checkbox__item">
            <input type="checkbox" name="checkbox-item" class="form__input">
            <span class="checkbox__label">Safari</span>
        </label>
        <label class="checkbox__item">
            <input type="checkbox" name="checkbox-item" class="form__input">
            <span class="checkbox__label">Edge</span>
        </label>
        <label class="checkbox__item">
            <input type="checkbox" name="checkbox-item" class="form__input">
            <span class="checkbox__label">Opera</span>
        </label>
```

```
        <label class="checkbox__item">
            <input type="checkbox" name="checkbox-item" class="form__input">
            <span class="checkbox__label">其他</span>
        </label>
    </div>
</form>
```

CSS

```
 /*radio樣式*/
.radio__list {
    margin-bottom: 50px;
}

.radio__item {
    display: block;
    margin-bottom: 20px;
}

input[type="checkbox"],
input[type="radio"] { /*重設勾選方塊與單選按鈕的樣式集*/
    position: absolute;
    white-space: nowrap;
    width: 1px;
    height: 1px;
    overflow: hidden;
    border: 0;
    padding: 0;
    clip: rect(0 0 0 0);
    clip-path: inset(50%);
    margin: -1px;
}

.radio__label {
    display: flex; /*讓單選按鈕與標籤水平並列*/
    align-items: center; /*讓單選按鈕與標籤垂直居中對齊*/
    padding: 10px 20px;
    font-size: 21px;
    font-weight: 700;
    line-height: 1;
    background-color: #c9d8e2;
```

→ 接續下一頁

```css
    border: 3px solid #96aab7;
    border-radius: 10px;
}

.radio__label::before { /*原創的單選按鈕*/
    content: '';
    display: inline-block;
    margin-right: 20px;
    width: 25px;
    height: 25px;
    background-color: #fff;
    border: 2px solid #96aab7;
    border-radius: 25px;
}

input.form__input:checked ~ .radio__label { /*checked狀態的按鈕樣式*/
    color: #f4f4f4;
    background-color: #053e62;
}

input.form__input:focus ~ .radio__label { /*移入時的樣式*/
    border: 3px solid #0277b4;
    box-shadow: 0 0 8px #0277b4;
}

input.form__input:checked ~ .radio__label::before { /*checked狀態的
單選按鈕樣式*/
    background-color: #0277b4;
    background-image: radial-gradient(#fff 29.5%, #0277b4 31.5%);
    border: 2px solid #053e62;
}

 /*checkbox樣式*/
.checkbox__list {
    display: flex; /*checkbox item的水平並列*/
    flex-wrap: wrap; /*換行的設定*/
    gap: 20px; /*checkbox item之間的空隙設定*/
}

.checkbox__item {
```

Web Design Idea Recipe

```
    display: inline-block;
}

.checkbox__label {
    display: flex; /*勾選方塊與標籤的水平並列*/
    align-items: center; /*勾選方塊與標籤垂直居中對齊*/
    position: relative; /*偽元素::after的位置基準*/
    padding: 10px 20px;
    font-size: 21px;
    font-weight: 700;
    line-height: 1;
    background-color: #c9d8e2;
    border: 3px solid #96aab7;
    border-radius: 10px;
}

.checkbox__label::before { /*原創的勾選方塊*/
    content: '';
    display: inline-block;
    margin-right: 20px;
    width: 25px;
    height: 25px;
    background-color: #fff;
    border: 2px solid #96aab7;
    border-radius: 6px;
}

input.form__input:checked ~ .checkbox__label { /*checked狀態的按鈕樣
式*/
    color: #f4f4f4;
    background-color: #053e62;
}

input.form__input:focus ~ .checkbox__label { /*focus移入時的按鈕樣式*/
    border: 3px solid #0277b4;
    box-shadow: 0 0 8px #0277b4;
}

input.form__input:checked ~ .checkbox__label::before { /*checked狀
態的勾選方塊樣式*/
```

→ 接續下一頁

← 銜接上一頁

```
    background-color: #0277b4;
    border: 2px solid #053e62;
}

input.form__input:checked ~ .checkbox__label::after { /*checked狀態
的勾選方塊樣式*/
    content: '';
    position: absolute;
    top: 50%;
    left: 26px;
    transform: translateY(-50%) rotate(-45deg);
    width: 14px;
    height: 4px;
    border-bottom: 3px solid #f4f4f4;
    border-left: 3px solid #f4f4f4;
}
```

10 讓必填項目更容易辨識

一般來說，表單的必填項目都會利用星號（*）標示，但不知道這項不成文規定的使用者有可能會以為星號只是一般的裝飾（符號）。

＊為必填項目

您的姓名　＊

電子郵件信箱　　＊

電話號碼

有些使用者不知道＊的意思

讓我們直接了當地標示清楚哪些是必填項目吧。

您的姓名　必填

電子郵件信箱　必填

電話號碼

→ 接續下一頁

← 銜接上一頁

此外，如果能另外標記表單的選填項目，對使用者將更加友善。

既然是選填項目，或許也可以考慮直接刪除。

11 在表單之外撰寫標籤、例句與補充內容

在欄位預先輸入標籤（輸入項目名稱）或是例句，並不是太理想的方式，因為只要焦點一移入輸入欄位，這些資訊就會消失，使用者反而要花時間確認是什麼欄位。

| 姓 | 名 |

| 電子郵件信箱 |

| 電話號碼 |

如果輸入的是標籤，就得在輸入內容之後刪掉內容，才知道這個項目的名稱。

| 鈴木 | 太郎 |

| m |

| 0123-456-789 |

電子郵件信箱的項目名稱消失了

如果使用者能正確輸入還無所謂，但如果不小心輸入錯誤，跳出驗證訊息的話，就得花時間確認該填寫哪些資訊。

此外，就算是利用例句提醒使用者輸入的格式，但使用者還是無法確認該以何種格式輸入內容。

→ 接續下一頁

← 銜接上一頁

姓名

鈴木　太郎

電子郵件信箱

mailaddress@gmail.com

電話號碼

0123-456-789

比方說,在輸入電話號碼或郵遞區號的時候,到底需不需要輸入連字號(-),只要不在輸入完成後刪除輸入的內容,就無法確認格式。

電話號碼

012

在輸入欄位預先輸入例句的話,
不先刪除就無法確認格式

電話號碼

012

例)0123-456-789

如果寫在輸入欄位下方
就能隨時確認格式

輸入項目名稱或是補充資訊都寫在輸入欄位外側比較妥當。

姓名

例)鈴木　　例)太郎

電子郵件信箱

例)mailaddress@gmail.com

電話號碼

例)0123-456-789

Web Design Idea Recipe

12 在每個項目配置錯誤訊息

有時候會看到將錯誤訊息整理在表單開頭的表單，但使用者通常得在這時候尋找到底是哪個項目填寫錯誤。

姓名為必填項目。
電子郵件信箱的格式有誤。
請以半形數字輸入電話號碼。

姓名 必填

拼音 必填

すずき　　　　　　　たろう

電子郵件信箱 必填

me-rujyanai/sss

電話號碼

電話號碼

無法一眼看出
哪個欄位填寫錯誤

為了省去尋找錯誤的麻煩，可替每個項目配置錯誤訊息，以及套用視覺效果，方便使用者修正。

姓名 必填

姓名為必填項目。　　　姓名為必填項目。

拼音 必填

すずき　　　　　　　たろう

電子郵件信箱 必填

me-rujyanai/sss

電子郵件信箱的格式有誤。

電話號碼

電話號碼

請以半形數字輸入電話號碼。

13 利用HTML撰寫陽春版表單驗證功能

一般來說，表單驗證功能都會利用JavaScript撰寫，但有時候會因為成本考量而放棄這種方式。不過，就算只使用HTML，也可以撰寫表單驗證功能。

姓名

必填

拼音

選填

電子郵件信箱

OK mailaddress@gmail.com

雖然只是陽春版的驗證功能，但就低預算的案件而言，至少能減少使用者因為填寫錯誤而放棄填寫的情況，所以還是建議大家利用HTML撰寫驗證功能。

如果要驗證的是電子郵件信箱的正確性，可在type屬性指定email。為了避免在使用者填寫了錯誤的電子郵件信箱時，不會因為表單驗證功能跳出驗證結果，可利用pattern屬性值控制驗證內容。

程式碼

```html
HTML
<input type="email" pattern="[a-z0-9._%+-]+@[a-z0-9.-]+\.
[a-z]{2,3}$" id="email" name="email" required>
```

在pattern屬性值「pattern=""」撰寫HTML驗證功能所需的正規表示式，就能控制驗證內容。

撰寫驗證功能常用的type屬性

type 屬性	內容
email	電子郵件信箱
tel	電話號碼
url	URL

撰寫驗證功能常用的pattern屬性值

pattern 屬性值	內容
{5,}	5 個字元以上
{5,8}	5 個字元至 8 個字元
^[0-9A-Za-z]+$	半形英文字與數字
^[ァ - ンヴー｜　｜]+$, [\u30A1-\u30FF]*	全形片假名
^[ぁ - ん]+$, [\u3041-\u309F]*	全形平假名
[a-z0-9._%+-]+@[a-z0-9.-]+\.[a-z]{2,3}$	電子郵件信箱
\d{3}-?\d{4}	日本 7 碼郵遞區號
\d{2,4}-?\d{2,4}-?\d{3,4}	電話號碼
^http(|s)://[0-9a-zA-Z/#&?%\.\-\+_=]+$	URL

參考URL：https://qiita.com/ka215/items/795a179041c705bef03b

14 注意「送出」「修正」按鈕的設計與位置

這是確認輸入內容頁面常見的「送出按鈕」與「修正按鈕」的組合。如果只改變按鈕的顏色,很有可能會誤導使用者。

修正　　送出

這種按鈕樣式與排列容易讓使用者產生誤會

送出　　修正

送出按鈕位於左側的表單常讓使用者按錯

為了避免使用者按錯按鈕,可設計成按鈕與文字的組合,或是將排列的方向從水平改成垂直,再利用設計樣式突顯送出按鈕。

文字搭配按鈕,並調整樣式
就能讓使用者一看就懂

送出

修正

垂直排列之後,就能
將焦點放在送出按鈕上

送出輸入內容

修正

在送出按鈕加入標籤,讓使用者
必須閱讀內容就不容易按錯

15 增加聯絡方式

聯絡的管道一定得是「聯絡我們」這種表單嗎？有時候也可以提供電話諮詢的方式。

電話諮詢

0120-123-456

平日 09:00 - 17:00

電子郵件諮詢

姓名

拼音

電子郵件信箱

讓使用者知道聯絡管道除了表單還有電話

讓使用者知道還有其他聯絡方式的做法比較親切。有些使用者可能會覺得填寫表單很麻煩，所以可根據目標使用者或是詢問內容提供不同的聯絡方式。

16 在感謝頁面刊載內容

有許多網站會在使用者送出諮詢內容之後顯示感謝頁面，但通常只是將使用者引導至網站首頁而已，這種做法只會讓離開率升高，所以不推薦使用。

感謝您撥冗諮詢。

敝公司在確認內容之後，
將於三個工作天之內回信。

送出輸入內容

若只是引導至網站首頁，離開率會因此上升

對於填寫諮詢內容的使用者提供網站內容是比較有效的做法。比方說，可在送出諮詢內容之後的感謝頁面刊載部落格文章或相關服務的內容、常見問題、社群網站的連結，打造增加追蹤者的機制，就比較容易引導使用者進行其他的操作。

部落格文章

感謝您撥冗諮詢。

敝公司在確認內容之後，
將於三個工作天之內回信。

在此之前，還請您瀏覽由敝公司員工
負責更新的部落格內容。

Blog	Blog	Blog
在這裡配置部落格文章	在這裡配置部落格文章	在這裡配置部落格文章

前往部落格文章列表

服務列表

感謝您撥冗諮詢。

敝公司在確認內容之後，
將於三個工作天之內回信。

在此之前，還請您瀏覽由敝公司員工
負責更新的部落格內容。

服務名稱	服務名稱
服務名稱	服務名稱

→ 接續下一頁

← 銜接上一頁

常見問題

感謝您撥冗諮詢。

敝公司在確認內容之後，
將於三個工作天之內回信。

在此之前，還請您瀏覽由敝公司員工
負責更新的部落格內容。

Q 在這裡配置常見問題。
在感謝頁面配置幾個常見的問題。 ＋

Q 配置在感謝頁面的常見問題 ✕

A 常見問題的解答。在感謝頁面配置幾個常見的
問題。在這裡配置常見問題的解答。在感謝頁
面配置幾個常見的問題。

Q 配置在感謝頁面的常見問題 ＋

前往常見問題頁面

- -

社群網路連結

感謝您撥冗諮詢。

敝公司在確認內容之後，
將於三個工作天之內回信。

在此之前，還請您瀏覽由敝公司員工
負責更新的部落格內容。

🐦 Twitter	f Facebook
📷 Instagram	LINE

可於第一線使用的
網頁工具以及素材網站

這章要介紹讓網站製作變得更容易的網頁工
具以及高品質的素材網站。收集了許多能於
第一線應用的服務。

1 網頁工具

1-1　Beautiful CSS 3D Transform Examples

https://polypane.app/css-3d-transform-examples/

這項網頁工具提供只以CSS就能呈現3D設計的程式碼。大家可利用transform了解這項工具能提供何種立體特效。由於可以應用於以hover撰寫的特效、與利用1個div偽元素的編碼，所以也能幫助大家提升撰寫程式碼的能力。

1-2　Generate Blobs

https://blobs.app/

這是能取得圓形svg圖片與HTML標籤的工具。可當成背景圖片配置，而不是當成顏色、背景圖樣或是填色使用。

1-3　wordmark

https://wordmark.it/

可確認電腦安裝了哪些字型的工具。不常使用的字型很容易被遺忘，所以有時候會突然發現「我居然安裝了這種字型？」。建議大家有空就檢查一下自己安裝了哪些字型。

1-4　Frontend Toolkit

https://www.fetoolkit.io/

這是支援Frontend開發的工具。這項工具將最佳化jpg或svg這類圖片的功能，轉換色碼功能以及CSS、JS程式碼格式化工具全放在同一個頁面。對於得依照不同的工作使用網路服務的人來說，這個集大成的網頁服務非常實用。

1-5 Neumorphism.io

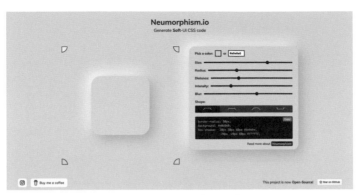

https://neumorphism.io/

這是利用CSS設定新擬態風格圖形的工具。由於可以提供很有趣的圖片，若是將這個網站列入口袋名單，就能讓設計變得更多元精彩。能以區區幾行程式碼呈現圖片這點實在讓人很開心。

1-6 Griddy

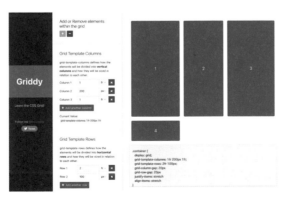

https://griddy.io/

這是能直接在螢幕編排CSS grid版面的工具，而且能完成grid-template-columns與Grid Template Rows、column-gap這類細部設定。在正式使用這類設定之前，不妨先瀏覽這個網站。

2 照片

2-1 Pexels

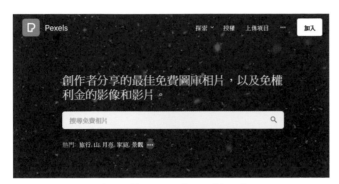

https://www.pexels.com/zh-tw/

如果想取得顏色漂亮的照片素材,來Pexels找準沒錯。利用「Business」這個關鍵字搜尋,應該會找到許多好用的素材。

2-2 Free Stock Photos - BURST

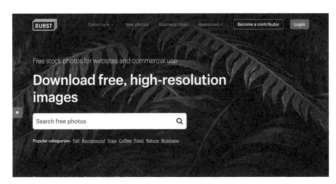

https://burst.shopify.com/

這是提供許多高品質照片素材的網站。可在這裡找到許多能於主要視覺設計或是縮圖使用的照片,而且這些照片的視覺效果都很震撼。

2-3　GIRLY DROP

https://girlydrop.com/

這是由兩位女性經營的女孩風免費照片素材網站。這個網站的照片都散發著可愛氣息，所以能輕鬆簡單地於網站使用。若想要使用帶有可愛質感的設計，不妨先來這個網站瀏覽看看。

2-4　O-DAN

https://o-dan.net/ja/

這是能以英語及日語從全世界的免費照片素材網站搜尋素材的網站。由於能於大量的素材之中搜尋，所以能讓使用者節省不少時間。如果一直找不到理想的素材，不妨來這個網站找找看。

3 插圖

3-1 soco-st

https://soco-st.com/

提供許多方便好用的插圖素材。提供的圖檔格式包含png、svg與eps。由於eps圖檔的路徑還沒外框化,所以還能調整線條的粗細。如果只是想找到「堪用的插圖素材」,可在這裡找到許多可於不同領域使用的插圖。

3-2　Loose Drawing

https://loosedrawing.com/

Loose Drawing提供的圖片都讓人看了心曠神怡，也很方便使用。除了人與物的插圖之外，還有時事梗或是動作的插圖，這些契合不同場景的插圖都很有趣。將整個網站瀏覽一遍，或許會有意外的驚喜。

3-3　恰到好處的插圖

https://tyoudoii-illust.com/

如標題所示，這個素材網站提供了許多質感恰到好處的插圖。其中包含了許多商業、醫療、生活的相關插圖，所以用途可說是非常多。

3-4　shigureni free illust

https://www.shigureni.com/

這是提供女性日常生活插圖的素材網站。由於都是日常生活場景的插圖,所以可直接當成部落格文章的圖片使用。其中的貓咪好可愛啊。

3-5　插圖導覽

https://illust-navi.com/

這是能從各種質感的插圖之中尋找素材的網站。手繪風的插圖具有鮮明的個性,也很適合於網站橫幅使用,讓人眼睛為之一亮。依照不同主題分類的免費素材集很適合整合網站的質感,所以可說是非常好用的網站。

3-6　Linustock

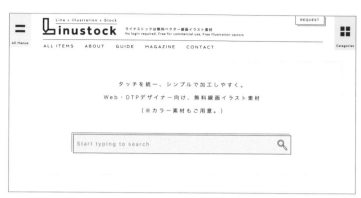

https://www.linustock.com/

如果想要簡潔的高品質線條畫，來Linustock找準沒錯。其中有不少線條畫能在不同的用途使用，而且還有「利用酪梨求婚」或是「好心動」這類趣味插圖，光是瀏覽這些插圖就讓人覺得好有趣。

3-7　Open Peeps

https://www.openpeeps.com/

這是能利用不同身體部位或配件繪製插圖的網站，也能做出表情豐富的角色。

Google搜尋結果頁面的對策

一聽到Google搜尋結果頁面對策,大部分的人應該會想到SEO對吧?就算是排在搜尋結果前幾名,如果顯示了錯誤的內容或是以錯誤的方式顯示內容,恐怕效果還是不彰。在此要介紹的是將資訊傳給Google的結構化資料建立方法。

1 在維護網站之際

在維護網站的時候，經常會為了優化搜尋結果而太過注意SEO對策。但是，就算網站闖進了搜尋結果的前幾名，卻沒辦法吸引使用者點選的話，其實也只是白忙一場，所以也要重視在搜尋結果顯示的內容。

搜尋作者經營的媒體網站的結果

於搜尋結果頁面顯示的代表性資訊之一就是頁面標題「<title></title>」以及說明內容「<meta name="description" content="">」的內容，但經營網站的人還有許多地方可以著墨。

比方說，建立結構化資料，讓搜尋引擎進一步辨識資料，在搜尋結果頁面顯示這些資料，接著追加資訊，顯示複合式搜尋結果。就目前而言，複合式搜尋結果共有31個（2022年1月之際），可追加活動資訊、麵包屑列表、常見問題這類資訊。

提供適當的資訊，強調自家網站比競爭對手的網站更能提供具有魅力的資訊，可說是維護與經營網站的重點之一。在此為大家介紹四種常於第一線使用的結構化資料。

補充

要於HTML撰寫結構化資料，可使用「JSON-LD」、「microdata」、「RDFa」這三種格式，但本書介紹的是Google推薦的JSON-LD。

2 報導資訊

這是通知部落格更新、最新消息、最新資訊這類報導資訊所需的結構化資料。
指定@type（報導的類型），再輸入頁面、作者與網站的資訊。

在某些條件之下，這類資訊會在Google搜尋結果的「焦點新聞」顯示，如此一來就有
機會為網站帶來許多流量。

於焦點新聞介面顯示，就有機會帶來流量

程式碼

```html
HTML
<html>
    <head>
        <title>報導標題</title>
        <script type="application/ld+json">
        {
            "@context": "https://schema.org",
            "@type": "BlogPosting", /*報導的類型*/
            "mainEntityOfPage": {
                "@type": "WebPage",
```

→ 接續下一頁

← 銜接上一頁

```
                    "@id": "頁面URL"
            },
            "headline": "新聞報導標題",
            "description": "說明內容",
            "image": "縮圖URL",
            "author": {   /*作者資訊*/
                "@type": "Person",
                "name": "作者姓名",
                "url": "作者個人檔案頁面URL"
            },
            "publisher": {   /*網站資訊*/
                "@type": "Organization",
                "name": "網站名稱",
                "logo": {
                    "@type": "ImageObject",
                    "url": "網站標誌圖片URL"
                }
            },
            "datePublished": "2021-01-27T15:20:30+09:00",  /*報導
    最初發表日期*/
            "dateModified": "2021-01-28T09:10:55+09:00"  /*報導最
    後更新日期*/
        }
        </script>
    </head>
    <body>
    </body>
</html>
```

報導類型

・Article…新聞報導、部落格文章或是各種類型的報導

・NewsArticle…新聞報導

・Blogposting…部落格文章

如果不知道該怎麼設定報導類型，就設定為「Article」吧。

日期與時間的格式

發表日期與更新日期都以ISO 8601的格式撰寫。

```
2021-01-27T15:20:30+09:00
```

乍看之下，這種格式似乎很難懂，但只要稍微了解一下，以後就能隨時更新。ISO 8601格式的日期與時間可拆解成三個部分。

・2021-01-27‥‥‥‥‥年月日（2021年1月27日）
・T15:20:30‥‥‥‥‥‥先在開頭輸入T，再輸入時分秒（15時20分30秒）
・+09:00‥‥‥‥‥‥‥‥日本的時區（日本標準時間。比世界協調時間UTC快九個小時，
　　　　　　　　　　　所以輸入+9:00）

如果是在日本以外的國家貼文或是更新內容，就必須依照該國的時區調整這部分的內容。以台灣為例，台灣標準時間比比世界協調時間UTC快八個小時，所以輸入+8:00。

專欄「複合式搜尋結果測試」

網頁工具「複合式搜尋結果測試」可幫助我們了解網頁的結構化資料是否採用了正確的格式。建置結構化資料之後，務必利用這套工具驗證。

・**複合式搜尋結果測試**

複合式搜尋結果測試　　　　　　　　　　　　❓　⋮⋮⋮　登入

你的網頁支援複合式搜尋結果嗎？

🌐 網址　　<> 代碼

⎜輸入要測試的網址

☐ Googlebot 智慧型手機　▾ ⑦　　測試開始

https://search.google.com/test/rich-results

3 麵包屑列表

只要設定得宜，就能在搜尋結果頁面的標題顯示麵包屑列表。結構明確的階層對於使用者與Google來說都非常重要，所以請在首頁之外的下層頁面套用這類設定。

https://sample.com › Category ▼

顯示於Google搜尋結果中的頁面標題

2021/02/03 ― 描述顯示於Google搜尋結果的文章內容。請利用結構明確的麵包屑列表採取適當的對策。

在瀏覽前就能了解階層構造的麵包屑列表

程 式 碼

```HTML
<html>
    <head>
        <title>頁面標題</title>
        <script type="application/ld+json">
        {
            "@context": "https://schema.org/",
            "@type": "BreadcrumbList",
            "itemListElement": [{
                "@type": "ListItem",
                "position": 1, /*第1階層（首頁）*/
                "name": "首頁",
                "item": "https://pulpxstyle.com"
            },{
                "@type": "ListItem",
                "position": 2, /*第2階層（類別頁面）*/
```

Web Design Idea Recipe

```
              "name": "類別",
              "item": "https://pulpxstyle.com/category/"
          },{
              "@type": "ListItem",
              "position": 3, /*第3階層（報導頁面）*/
              "name": "報導標題",
              "item": "https://pulpxstyle.com/post01/"
          }]
      }
      </script>
  </head>
  <body>
  </body>
</html>
```

在@type指定BreadcrumbList。利用position設定階層，再於name設定各頁面的標題，以及在item指定各頁面的頁面URL。如果要新增更下層的階層，可利用逗號（,）間隔再追加。

專欄「Google 官方網站的結構化資料說明頁面」

Google官方網站有說明結構化資料建置方法的頁面，其中有許多本書未及解說的內容，還請大家搭配本書一併閱讀，一定能對結構化資料有更深的了解。

• 探索Search Gallery

https://developers.google.com/search/docs/appearance/structured-data/search-gallery

常見問題

這是在搜尋結果頁面以折疊式選單顯示的常見問題。為了讓使用者期待能在這裡找到需要的資訊，而針對使用者的煩惱提供資訊的話，就是非常實用的內容。

以折疊式選單的方式在搜尋結果頁面顯示常見問題

程式碼

```HTML
<html>
  <head>
    <title>常見問題</title>
    <script type="application/ld+json">
    {
      "@context": "https://schema.org",
      "@type": "FAQPage",
      "mainEntity": [{
        "@type": "Question", /*第1個常見問題*/
```

```
                    "name": "問題的內容",
                    "acceptedAnswer": {
                        "@type": "Answer",
                        "text": "問題的回覆"
                    }
                },{
                    "@type": "Question", /*第2個常見問題*/
                    "name": "問題的內容",
                    "acceptedAnswer": {
                        "@type": "Answer",
                        "text": "問題的回覆"
                    }
                },{
                    "@type": "Question", /*第3個常見問題*/
                    "name": "問題的內容",
                    "acceptedAnswer": {
                        "@type": "Answer",
                        "text": "問題的回覆"
                    }
                }]
            }
        </script>
    </head>
    <body>
    </body>
</html>
```

在@type指定FAQPage，再於name撰寫問題的內容，最後再acceptedAnswer的
text輸入問題的回覆。如果想追加常見問題，可利用逗號（,）間隔再追加。

注意事項

複合式搜尋結果除了常見問題之外，還有Q&A。常見問題屬於一問一答的格式，但是Q&A則是
一個問題有多個答案的格式。Yahoo知識家這項服務就屬於Q&A的格式，所以請依照頁面內容
選擇適當的格式。

5 我的商家

這是有可能在搜尋結果的知識圖譜顯示的「我的商家」（Local Business）。
將餐廳、咖啡廳、量販店、醫院這類門市資訊整理成結構化資料，有時候就能於首頁
顯示店家名稱、地址、電話號碼、營業時間這類進階資訊。如果符合我的商家的網
站，建議採用這類設定。

為了在知識圖譜顯示我的商家，必須先在Google註冊「商家檔案」（Google
Business Profile）。

詳細介紹我的商家的知識圖譜

程式碼

```HTML
<html>
  <head>
    <title>Dave's Steak House</title>
    <script type="application/ld+json">
    {
        "@context": "http://schema.org",
        "@type": "Restaurant", /*①*/
        "image": "縮圖URL",
```

Web Design Idea Recipe

```
        "name": "門市名稱",
        "address": {
            "@type": "PostalAddress", /*門市地址*/
            "streetAddress": "平和公園1-2-3",
            "addressLocality": "港區",
            "addressRegion": "東京都",
            "postalCode": "123-4567",
            "addressCountry": "JP"
        },
        "geo":{
            "@type": "GeoCoordinates", /*②*/
            "latitude": "35.65868", /*緯度*/
            "longitude": "139.74544" /*經度*/
        },
        "url": "網站URL",
        "telephone": "電話號碼", /*③*/
        "servesCuisine": "法國料理", /*料理類別*/
        "priceRange": "5,000", /*平均預算*/
        "openingHoursSpecification": [ /*④*/
        {
            "@type": "OpeningHoursSpecification",
            "dayOfWeek": [ /*適用後述營業時間與打烊時間的工作日*/
                "Monday",
                "Tuesday",
                "Wednesday",
                "Thursday",
                "Friday"
            ],
            "opens": "10:00", /*前述工作日的營業時間*/
            "closes": "21:00" /*前述工作日的營業時間*/
        },
        {
            "@type": "OpeningHoursSpecification",
            "dayOfWeek": [ /*適用後述營業時間與打烊時間的工作日*/
                "Saturday"
            ],
            "opens": "12:00", /*前述工作日的營業時間*/
```

→ 接續下一頁

← 銜接上一頁

```
              "closes": "23:00" /*前述工作日的打烊時間*/
          }
      ],
      "menu": "菜單頁面URL",
      "acceptsReservations": "true" /*預約狀況。可預約時為true*/
   }
   </script>
   </head>
   <body>
   </body>
</html>
```

由於輸入的都是門市的基本資訊，所以應該不會太困難，但有三個需要特別注意的部分。

① 商業類別

這部分要指定商業類型。由於這部分會於搜尋結果顯示，所以不要選錯業種。範例指定的是餐廳（"@type:"Restaurant"）。這部分的種類有很多，在此僅列舉部分。

值	內容
Bakery	麵包店
BarOrPub	酒吧
CafeOrCoffeeShop	咖啡廳
Restaurant	餐廳
ShoppingCenter	購物中心
BookStor	書店
ClothingStor	服飾店
ComputerStor	電腦專賣店
Floris	花店
FurnitureStore	家具店
MedicalClini	醫院

值	內容
Dentis	牙醫診所
Optician	眼科診所
Pediatric	小兒科診所
Pharmacy	藥局
BeautySalo	美容院
DaySpa	水療館
HairSalo	美髮院
HealthClub	健身房
SportsClub	運動會館
NailSalo	指甲沙龍
Hote	飯店
Resort	度假村飯店

② 緯度、經度

或許有些人不是很清楚取得門市緯度與經度的方法。緯度與經度可利用Google Maps取得。

輸入地址之後，在大頭針按下滑鼠右鍵，就會顯示緯度與經度。如果沒有顯示大頭針，只需要點選門市位置，就會顯示大頭針。之後在大頭針按下滑鼠右鍵，就會顯示緯度與經度。

③ 電話號碼

電話號碼必須包含國際碼與區碼。以03-1234-5678這種電話號碼為例，就必須寫成「+81-3-1234-5678」（日本的例子）。台灣的國碼為「+886」，而輸入區碼的時候，必須將開頭的「0」去掉。

④ 營業時間

營業時間就依照每個工作日的時段設定。

●固定的營業時間

```
"openingHoursSpecification": [
{
    "@type": "OpeningHoursSpecification",
    "dayOfWeek": [
        "Monday",
        "Tuesday",
        "Wednesday",
        "Thursday",
        "Friday"
    ],
    "opens": "10:00",
    "closes": "21:00"
}
```

這是將「週一到週五」的營業時間指定為「從10：00到21：00」的範例。假設只有週三的營業時間不一樣，可刪除「"Wednesday",」的部分。

→ 接續下一頁

← 銜接上一頁

●24小時營業

```
"openingHoursSpecification": [
{
    "@type": "OpeningHoursSpecification",
    "dayOfWeek": [
        "Monday",
        "Tuesday",
        "Wednesday",
        "Thursday",
        "Friday"
    ],
    "opens": "00:00",
    "closes": "23:59"
}
```

若要指定為24小時營業，可指定從00：00至23：59的時段，再指定對應的工作日。

●公休日

```
"openingHoursSpecification": [
{
    "@type": "OpeningHoursSpecification",
    "dayOfWeek": [
        "Sunday"
    ],
    "opens": "00:00",
    "closes": "00:00"
}
```

要指定公休日可在opens與closes指定「00：00」，再指定對應的工作日。

●歇業期間

```
"openingHoursSpecification": [
{
    "@type": "OpeningHoursSpecification",
    "opens": "00:00",
    "closes": "00:00",
    "validFrom": "2022-01-27",
    "validThrough": "2022-02-15"
}
```

若要指定公休日以外的長期歇業期間，可在「validFrom」指定歇業起始日，並在「validThrough」指定歇業結束日，再於opens與closes指定「00：00」。

●多重指定

```
"openingHoursSpecification": [
{
    "@type": "OpeningHoursSpecification",
    ...
},
{
    "@type": "OpeningHoursSpecification",
    ...
}
```

如果要指定不同的營業時間或公休日，可利用逗號（,）間隔設定。有些醫院會在一天之內有兩段看診時間，所以會需要指定兩段以上的營業時間。

結語

　　非常感謝大家讀到最後。

　　由於資訊通常是比較冷硬的內容，所以在撰寫本書的時候，我想加入一些屬於自己的想法，也因此偷偷地以「發想的轉換力」為題，撰寫了本書的內容。

　　我平常就很重視創意的轉換。創意人員總是會思考眼前的東西是否有一些別出心裁的優點。有些乍看之下無用的東西，只要「去除這個部分」或是「追加某個部分」，就能轉換成最優質的資訊，這對我來說，是製作網頁不可或缺的技巧。

　　如果能將「因為圖示是利用圖片製作，所以沒辦法使用這段程式碼」這類觀點轉換成「就算圖示是利用圖片製作，但還是能使用其他的程式碼，也能讓程式碼變得更簡潔」的觀點，進一步咀嚼箇中知識，這些內容就有可能成為你最實用的資訊。

　　為了幫助大家轉換創意與想法，本書鉅細靡遺地講解了每項技巧。如果大家掌握了這些技巧，就請試著尋找你心目中最棒的程式碼，如此一來，你的創意也可能會無限放大。

2022年1月

小林 Masayuki

程式碼審閱

感謝TAKAMOSOO幫忙審閱本書的程式碼。由衷感謝如此高水準的審閱。

TAKAMOSOO

自由前端工程師／網頁設計／標記語言／程式設計與提供網頁製作相關資訊。
著作《立刻派上用場的CSS大全》：https://www.amazon.co.jp/dp/4863542623
Twitter：@takamosoo

本書封面插圖

感謝DanyL幫忙設計本書封面插圖。感謝她為本書畫了表情充滿知性的女性，真的是非常滿足與感謝。

DanyL

偏好短髮／讓畫充滿情緒與故事的插圖家。
Twitter：@DanyL_robamimi　　　Instagram:@danyl_robamimi

索 引

日本版STAFF
書籍設計：霜崎綾子
DTP：富宗治
責任編輯：畠山龍次

零基礎也能快速上手！
超直覺HTML＆CSS網頁設計

2022年12月1日初版第一刷發行

著　　　　者　小林Masayuki
譯　　　　者　許郁文
副　主　編　劉皓如
發　行　人　若森稔雄
發　行　所　台灣東販股份有限公司
　　　　　　＜地址＞台北市南京東路4段130號2F-1
　　　　　　＜電話＞(02) 2577-8878
　　　　　　＜傳真＞(02) 2577-8896
　　　　　　＜網址＞http://www.tohan.com.tw
郵撥帳號　1405049-4
法律顧問　蕭雄淋律師
總經銷　聯合發行股份有限公司
　　　　　　＜電話＞(02) 2917-8022

TOHAN

國家圖書館出版品預行編目資料

零基礎也能快速上手!超直覺HTML＆CSS網頁設計
/小林Masayuki著；許郁文譯. -- 初版. -- 臺北市：
臺灣東販股份有限公司, 2022.12
288面；17×21.8公分
譯自：現場で使えるWebデザインアイデアレシピ
ISBN 978-626-329-609-1(平裝)

1.CST: 網頁設計 2.CST: 全球資訊網

312.1695　　　　　　　　　　　111017746